MAKING THE ENGINEERING DRAWINGS FOR FURNITURE

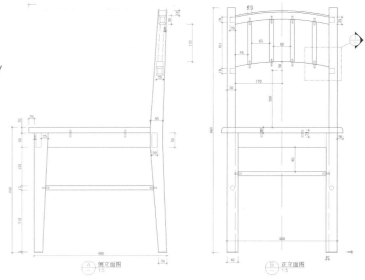

职业教育一体化课程改革系列教材——家具设计与制造

家具工程图绘制

- ■ 从典型工作任务转化为学习领域的案例
- ■ 注重专业能力、方法能力、社会能力的综合职业能力训练
- ■ 从明确任务到评定反馈一系列的完整任务过程
- ■ 教师与学生互动实施的教学过程

主　编　高康进
副主编　陈伟强　周华娟

西南交通大学出版社
·成都·

图书在版编目（CIP）数据

家具工程图绘制 / 高康进主编. —成都：西南交
通大学出版社，2022.9
ISBN 978-7-5643-8886-7

Ⅰ. ①家… Ⅱ. ①高… Ⅲ. ①家具－制图 Ⅳ.
①TS664

中国版本图书馆 CIP 数据核字（2022）第 160561 号

Jiaju Gongchengtu Huizhi
家具工程图绘制

主编　高康进

责任编辑	李　伟
封面设计	陈伟强

出版发行	西南交通大学出版社
	（四川省成都市金牛区二环路北一段 111 号
	西南交通大学创新大厦 21 楼）
邮政编码	610031
发行部电话	028-87600564　　　028-87600533
网址	http://www.xnjdcbs.com
印刷	四川森林印务有限责任公司

成品尺寸	210 mm × 285 mm
印张	11.5
字数	287 千
版次	2022 年 9 月第 1 版
印次	2022 年 9 月第 1 次
书号	ISBN 978-7-5643-8886-7
定价	29.00 元

课件咨询电话：028-81435775

深圳鹏城技师学院
工学一体化系列教材编委会

前　言
PREFACE

　　家具工程图绘制的知识一直是家具设计、室内设计、家具技术（工艺）、家具生产管理等人员必须具备的基础知识。家具工程图绘制是家具生产组织的开端，是家具行业发展最为重要的技术支撑部分。

　　改革开放以来，我国的家具行业有了前所未有的发展，家具的款式、材料、结构、工艺、设计理念和管理机制有了极大的变化。目前，我国家具生产正在逐步向零部件和藏品的规格化、系列化、标准化、生产专业化方向发展，同时这也极大地促进了家具制图技术的发展与完善。家具制图标准经历了从《家具制图》（QB/T 1338—1991）到《家具制图》（QB/T 1338—2012）的发展过程，本书即根据行业最新标准编写而成。

　　本书内容包括职业感知与工作准备、桌几类家具图纸绘制、床柜类家具图纸绘制、椅凳类家具图纸绘制、板式家具图纸绘制、实木家具图纸绘制等。

　　本书紧扣家具专业培养目标，围绕相关岗位的需求，以《家具制图》（QB/T 1338—2012）为主线，注重家具制图、结构设计等基础知识和基本技能的传授。为培养学生的职业能力、创业能力和再学习能力，本书紧紧围绕教学基本要求确定的相关知识点和技能点，并根据本课程相关岗位的需求进行编写，力求做到理论适度，同时重视家具制图技能的培养。在内容的安排上，本书通过实木、板式家具图集，介绍相关知识，重点帮助学生掌握实木、板式家具制图的方法。

　　由于编者水平有限，本书不足之处在所难免，恳请广大读者批评指正。

编　者
2022 年 3 月

"知识探索"　　率先突破章节难点
"附件"　　　　对重点和难点更容易突破
"评价体系"　　在相互评价中学习，提高自主思考性
"学习拓展"　　巩固知识体系的同时，再深入运用知识点

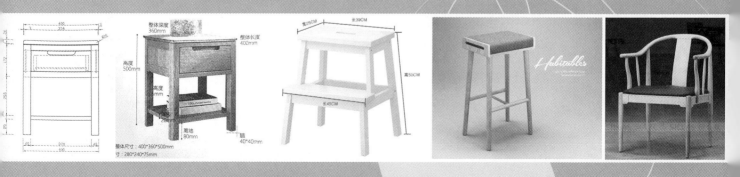

目 录
CONTENTS

任务一　职业感知与安全教育

学习活动一　安全教育
学习活动二　职业感知
学习活动三　绘图工具认知与使用

1

PART

家具工程图绘制

MAKING THE ENGINEERING
DRAWINGS FOR FURNITURE

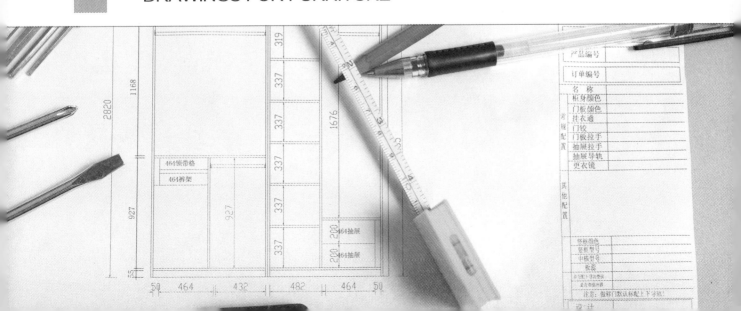

学习目标

（1）能描述家具绘图员的职业特征，并能归纳其职业能力要求。

（2）能够顺利完成与领导、同事及客户的基本沟通。

（3）能熟知各类制图工具，并掌握主要制图工具的使用方法。

（4）养成自觉遵守现场"8S"管理的习惯。

（5）能熟知家具绘图职业的安全须知。

建议课时

12课时。

　　现深圳某家具企业新招一批员工，拟作为家具绘图员岗位储干。上岗前企业拟对该批新员工进行岗前培训，通过参观企业及讲座交流，让新员工能描述家具绘图员的职业特征，并能准确归纳家具绘图员岗位的职业能力要求，同时熟知各类制图工具的使用方法，遵守现场"8S"管理规定，为下一步学习工作做准备。

学习活动一
安全教育

 笔记栏

学习目标

（1）掌握工具安全使用的基本常识。

（2）建立自觉遵守实训室设备安全操作规程的意识。

学习课时：2课时。

学习任务描述

深圳某家具公司新招一批绘图员，需要对这批新员工进行岗前培训。部门负责人带领新员工到企业设计部进行岗位认知。新员工需能正确地认知工作现场与车间警示标志，能正确地描述"8S"工作管理的内容，做好岗前准备。

学习过程

一、大部分人对安全知识是怎么理解的？谈谈自己的理解。

二、了解进入实训室前后所要遵循的安全规程。

观看PPT，根据PPT内容讨论进入实训室前后应遵循哪些安全规程，并记录在表1-1中。

表 1-1　工作任务单

任务名称	实训室安全规程	发起部门	生产部
		发起时间	
级别	□特急 □急 □一般 □缓慢	培训负责人	
工作内容	进入实训室前注意事项	进入实训室后注意事项	
其他			
		生产部:	
		日　期:	

三、使用互联网或者书籍资料进行调研，完成以下内容。

1.“8S”现场管理的定义。

2.结合老师所讲的内容，阐述实行“8S”现场管理的目的及其主要内容。

实训室"8S"管理规范

1S- 整理（SEIRI）

要求：区分要与不要的物品，现场只保留必需的物品，不要的东西给予清理。

目的：将空间拓展且充分利用。

2S- 整顿（SEITON）

要求：必需品依规定定位，摆放整齐，标示明确。

目的：不浪费时间而寻找东西，提高工作效率。

3S- 清扫（SEISO）

要求：清扫现场内的脏污，并防止污染发生。

目的：消除脏污，保持现场干净、明亮。

4S- 清洁（SETKETSU）

要求：实施制度化，规范化维持其成果。

目的：通过制度来维持成果，并显现"异常"之所在。

5S- 素养（SHITSUKE）

要求：依规定行事，从心态上养成好习惯。

目的：提升人的"品质"，培养对任何工作都一丝不苟的人。

6S- 安全（SAFETY）

要求：人身不受伤害，环境没有危险。

目的：创造对人、财产没有威胁的环境，避免安全事故苗头，减少工业灾害。

7S- 节约（SAVE）

要求：节约成本，点滴做起。

目的：浪费不以量小而为之，节约不以微小而不为。

8S- 学习（STUDY）

要求：学习长处，提升素质。

目的：学习他人长处，提高自身素质。

实训室安全管理制度

（1）全体师生要牢固树立"安全第一、预防为主"的意识，必须接受安全教育和培训，掌握足够的安全知识和技能，方可参与实训工作或学习。

（2）实训室钥匙由管理人员保管和使用，不得私配和外借。未经管理人员或指导教师许可任何人不得进入实训室。学生实训期间，指导教师要坚守岗位并履职尽责。检查、参观、交流等人员进入实训室须有管理人员或指导教师陪同。

（3）管理人员要对仪器设备、水电燃气、消防器材、操作工具等进行日常检查维护；指导教师上课前要进行例行检查，消除安全隐患，符合安全实训标准后才能组织实训活动。教务处会同安全办进行集中排查和不定期巡查。

（4）进入实训室的人员要做好个人防护，遵守操作规程，严禁携带易燃易爆等危险品和影响实训的其他物品，不得擅自动用设施设备，不得做出影响实训秩序的行为。

（5）指导教师要在实训结束后组织学生"三清"（清点设备和工具、清理废水废气废料，清扫场地）、"六关"（关设备、关水电气、关空调、关窗、关灯、关门），并与管理人员办理交接。学生未经管理人员或指导教师允许不得在实训室停留和带出非个人物品。

（6）出现违规操作、设施设备损坏、安全事故等情况按有关规定处理并追究责任。

学习活动二
职业感知

学习目标

（1）能描述家具绘图员的职业特征。

（2）能归纳家具绘图员的职业能力要求。

（3）能够顺利完成与领导、客户的基本沟通。

学习课时：2 课时。

学习任务描述

　　深圳某家具公司新招一批绘图员，需要对这批新员工进行岗前培训。人力资源部在完成了沟通培训和绘图工具使用培训后，部门负责人带领新员工到企业设计部进行岗位认知。新员工需熟知家具绘图员职业特征，能描述和归纳家具绘图员的职业能力要求。

学习过程

　　讨论家具绘图员的职业特征，总结与归纳职业能力要求：

　　（1）描述家具绘图员的职业特征。

　　（2）通过互联网，查询"家具绘图员"岗位的相关技能信息，归纳家具绘图员的主要工作有哪些，需要哪些工作技能和职业素质。

　　要求：以小组为单位，先进行讨论，后每人独立填写表 1-2，再小组总结，最后小组选派一名同学进行阐述。

表 1-2　工作任务单

任务名称	绘图员工作内容和工作能力要求归纳与填写	发起部门	人力资源部
填表人		要求时间	20 min
任务描述	新入职的绘图员要熟悉岗位工作，须根据人力资源部和设计部的培训要求，查阅相关信息资料，并结合自己的理解填写表格		
工作内容		工作能力与素质	
拓展要求			
获得能力与素质途径			填报人： 日　期：

评价反馈见表1-3。

表 1-3　评价反馈

考核项目	考核要求	分值	个人评价	组内评价	教师评价
职业素养	(1) 遵守实训室管理规定	5			
	(2) 着装整齐，不穿拖鞋，不迟到，不早退	5			
	(3) 遵守学习纪律，不做与课堂无关的事情	5			
	(4) 桌面整洁，准备充分，遵守"8S"管理规定	5			
	(5) 展现积极的精神面貌，有团队协作的能力	5			
	(6) 文明礼貌，尊敬老师、同学	5			
工作认知	能正确理解工作任务、工作流程与方法	5			
工作要求	(1) 填写内容完整、全面	20			
	(2) 语言表达合适、规范	10			
	(3) 查询信息的方式有效，信息筛选合理	5			
	(4) 充分参加小组讨论	5			
成果展示	(1) 积极大胆发言	5			
	(2) 语言流畅，思路清晰	5			
	(3) 展示方式富有特色	5			
成果提交	(1) 能按时、按量提交作品	5			
	(2) 能按正确要求提交作品	5			
总分		100			
小组评语及建议	他/她的优点： 他/她的不足： 给他/她的建议：	组长签名： 日期：			
老师评语与建议		评定等级或分数 _____ 教师签名： 日期：			

学习活动三
绘图工具认知与使用

 笔记栏

学习目标

（1）能顺利完成与领导、同事及客户的基本沟通。

（2）熟知各类家具绘图工具，掌握主要工具的使用方法。

（3）掌握画法几何的基本绘图方法。

学习课时：8课时。

学习任务描述

　　深圳某家具公司新招了一批绘图员，在新员工上岗之前，企业会开展两方面的培训：一是人力资源部开展的沟通技巧培训，二是设计部开展的绘图工具使用培训。目的是让新员工在正式工作学习前，从多方面做好准备工作，做好岗前准备。

学习准备

　　用于绘制图形的 A4 白纸、用于展示的白板、个人手工制图工具。

学习过程

一、沟通活动——画图游戏

任务规则：

（1）把两张图形贴在白板后面，委派描述者站在白板后面进行描述。

（2）听者每人一张画纸，根据描述绘制图形。

（3）描述第一张图（见图1-1）时，听者只允许听，不许提问——单向沟通。

（4）描述第二张图（见图1-2）时，听者可以发问——双向沟通。

（5）听者画完第一张图，再进行第二张图的绘制，不可左顾右盼，不可讨论。

（6）每次描述完，教师统计自认为绘制对的人数和实际对的人数，先让学生进行总结，教师再补充。

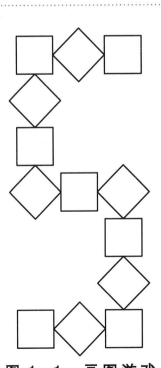

图 1-1　画图游戏

第一张图

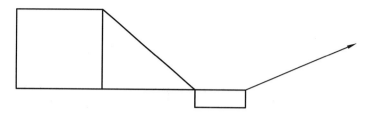

图 1-2　画图游戏第二张图

二、制图工具的熟悉与使用

任务规则：

（1）查阅相关资料，填写表1-4中各工具的名称、常用规格及作用。

（2）每组派代表讲解一种制图工具的功能、使用方法及注意事项。

表 1-4　工具名称、常用规格及作用

实物图片	名称与规格	作用及使用方法

三、图线绘图练习

任务规则：

（1）图形一（见图1-3）要求独立绘图，图形二（见图1-4）可小组讨论，再独立绘图；

其中图形一按照习题集上要求完成，绘图采用 A4 纸并签名。

（2）每组同学先独立思考、独立绘图，不可讨论和左顾右盼。

（3）提交各自的作业，以图形绘制正确，图纸纸面整洁为优。

（4）抽签选定一种绘图工具，小组内讨论其功能、使用方法及注意事项。

（5）每组选派一名同学站起来对该工具进行全面阐述。

（6）教师点评和答案补充，用时 80 分钟。

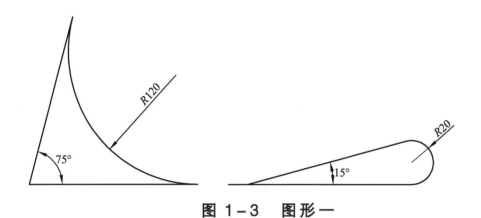

图 1-3　图形一

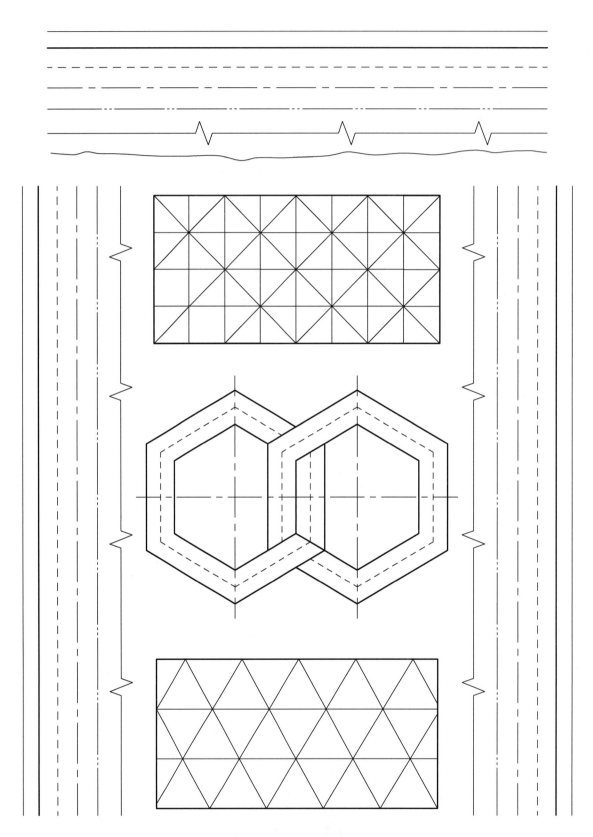

图 1-4　图形二

四、字体练习

任务规则：

（1）按小组进行，每名组员完成三个方格中文、英文及数字抄写（见图1-5）；

（2）教师做好隐藏标记，再让每个组推荐代表对这些成果进行投票，选出最优者。

直径符号 ϕ　　　　角度符号 α β γ

阿拉伯数字示范

1200 ± 1 $350^{+0.5}$ $350_{-0.5}$

1234567890   1234567890

门	窗	基	础	地	层	楼	板	梁	柱	墙	厕	浴	标	号
制	审	定	日	期	一	二	三	四	五	六	七	八	九	十

字体练习　　　　　　　　第　　次　　　字体练习　　　　　　　　第　　次

平 立 面 剖 切 断 侧 图　　楼 堂 馆 所 住 宅 公 寓

正 背 朝 向 东 西 南 北　　客 厅 厨 房 卧 室 窗 墙

家 具 室 内 设 计 透 视　　床 桌 椅 凳 合 壁 橱 架

0123456789　　0123456789

ABCDGJKMRφ　　ABCDGJKMRφ

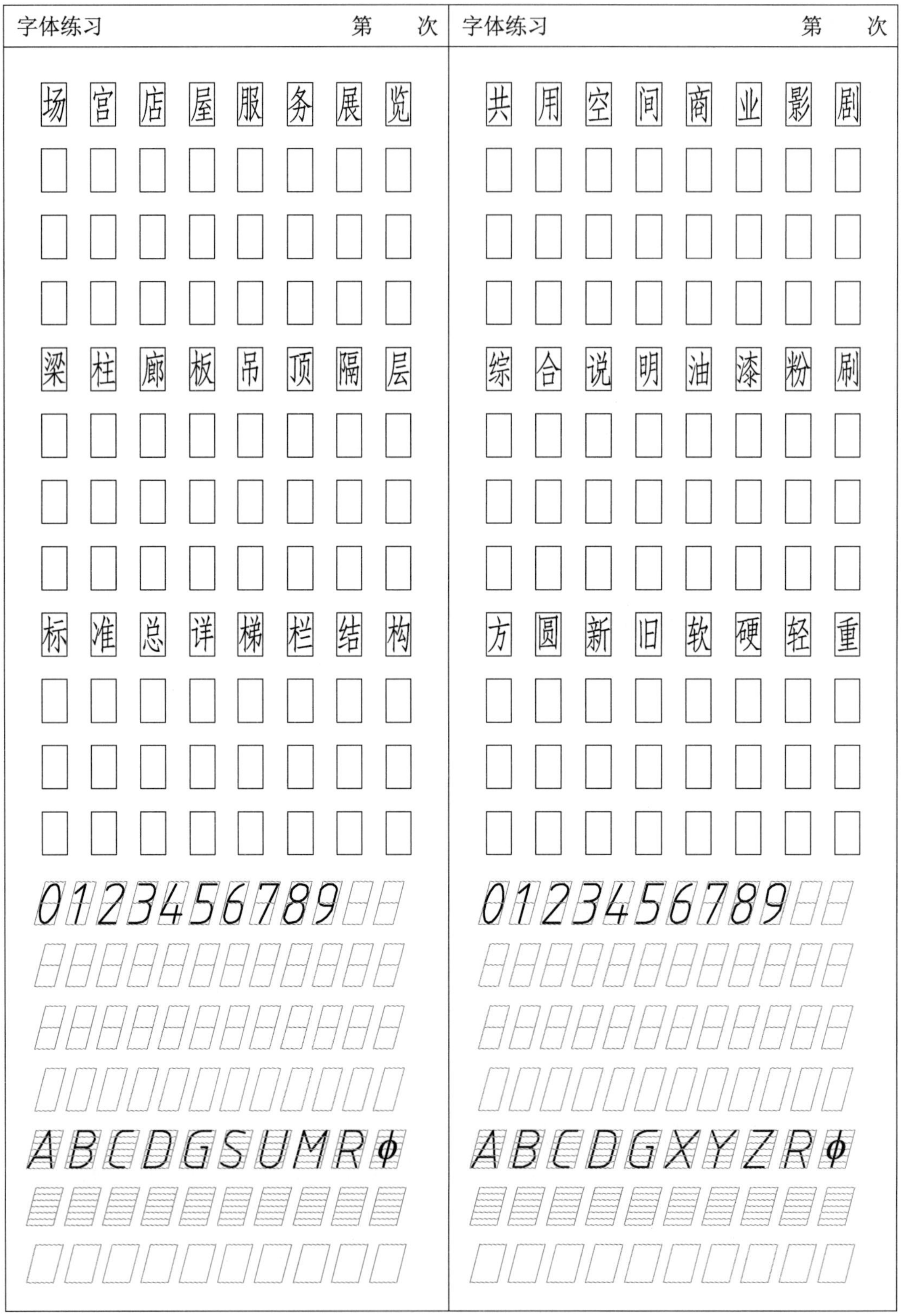

字体练习　　　　　　　第　次　　字体练习　　　　　　　第　次

| 场 | 宫 | 店 | 屋 | 服 | 务 | 展 | 览 |

| 共 | 用 | 空 | 间 | 商 | 业 | 影 | 剧 |

| 梁 | 柱 | 廊 | 板 | 吊 | 顶 | 隔 | 层 |

| 综 | 合 | 说 | 明 | 油 | 漆 | 粉 | 刷 |

| 标 | 准 | 总 | 详 | 梯 | 栏 | 结 | 构 |

| 方 | 圆 | 新 | 旧 | 软 | 硬 | 轻 | 重 |

0123456789

0123456789

ABCDGSUMRφ

ABCDGXYZRφ

图 1-5　字体练习

五、绘图拓展训练（画法几何）

任务规则：

（1）按小组进行，小组可先讨论方法（可上网搜索），再进行绘图；

（2）每道题都进行抢答，小组可抢先派代表上台进行绘制演示，计入小组得分；

（3）完成所有图形后，教师再进行总结和答疑。

① 等分（直线等分、角度等分，见图1-6）。

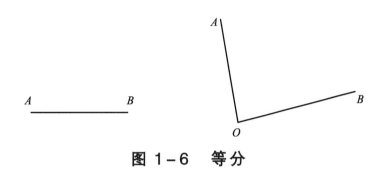

图 1-6　等分

② 圆角连接（两种方法，见图1-7）。

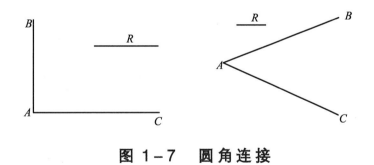

图 1-7　圆角连接

③ 圆弧连接（外切和内切，见图1-8）。

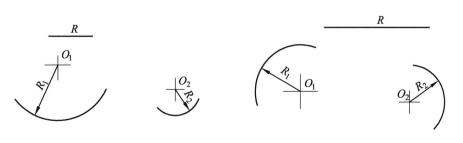

图 1-8　圆弧连接

评价反馈见表1-5。

表 1-5 评价反馈

考核项目	考核要求	分值	个人评价	组内评价	教师评价
职业素养	(1) 遵守实训室管理规定	5			
	(2) 着装整齐，不穿拖鞋，不迟到，不早退	5			
	(3) 遵守学习纪律，不做与课堂无关的事情	5			
	(4) 桌面整洁，准备充分，遵守"8S"管理规定	5			
	(5) 展现积极的精神面貌，有团队协作的能力	5			
	(6) 文明礼貌，尊敬老师、同学	5			
工作认知	能正确理解工作任务、工作流程与方法	5			
工作要求	(1) 沟通绘图活动完成较好，绘图正确	10			
	(2) 对作图工具认识清晰，并能正确填写表格	5			
	(3) 线条练习图形绘制正确、完整	10			
	(4) 线条宽度合适，符合要求，美观性好	10			
	(5) 图形拓展训练领悟性好，作图方法正确	10			
	(6) 制图态度端正，字体书写符合规范	10			
成果提交成果展示	(1) 能按时、按量提交作品	5			
	(2) 能按正确要求提交作品	5			
总分		100			
小组评语及建议	他/她的优点： 他/她的不足： 给他/她的建议：	组长签名： 日期：			
老师评语与建议		评定等级或分数 _____ 教师签名： 日期：			

小提示：

游戏的结论分析：

双向沟通比单向沟通更有效，双向沟通可以了解到更多信息。

——听者而言：

（1）自认为自己来做会做得更好——单向沟通时，听的比说的着急。

（2）自以为是——认为自己做对了的人比实际做对了的人多。

（3）想当然——没有提问，就认为是（可根据学员出现的问题举例）。

（4）仅对对方提要求，不反求诸己——同样情况下，为什么有人做对了，有人做错了？我们为什么不能成为做对了的人？

（5）不善于从别人的提问中接收信息。

——对说者而言：

（1）要注意听众的兴趣所在。

（2）要对所表达的内容有充分的理解与了解。

（3）存在信息遗漏现象，要有很强的沟通表达技巧。

（4）要先描述整体概念，然后逻辑清晰地讲解。

任务二　桌几类家具图纸绘制

学习活动一　基本三视图制图及拓展训练
学习活动二　长茶几三视图抄绘
学习活动三　小方几测绘及三视图制图
学习活动四　小方几拆装及零部件图绘制
学习活动五　桌几测绘及三视图制图
学习活动六　桌几类家具图纸绘制考核与评价

PART

家具工程图绘制
MAKING THE ENGINEERING
DRAWINGS FOR FURNITURE

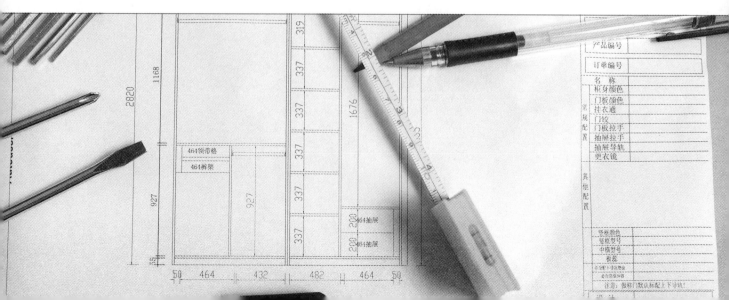

学习目标

（1）熟知各类制图工具，并掌握主要制图工具的使用方法。

（2）熟悉和掌握家具制图的国家标准和规范。

（3）能分析和绘制几类家具三视图。

（4）能运用剖视方法绘制规范的家具结构装配图。

（5）熟悉几类家具的常见结构及连接表达方法。

建议课时

54 课时。

　　深圳某家具公司每年年底会进行一次家具新产品开发，升级替代部分老产品，以满足市场需求。当主案设计师的茶几设计方案评审获得通过后，需要绘图员进行工程图图纸的绘制，为了便于讨论和修改，设计总监安排绘图员用手绘制图完成该项任务。

学习活动一
基本三视图制图及拓展训练

学习目标

（1）熟知三视图的绘图原理和方法。

（2）熟悉家具制图的国家标准和规范。

（3）能运用空间想象能力，初步掌握物体的三面视图分析及表达方法。

学习课时：12课时。

学习任务描述

深圳某家具公司的主案设计师的茶几设计方案评审获得通过后，为了便于对零部件进行生产前的讨论和修改，设计总监安排绘图员用手绘制图完成产品五金配件的三视图绘制。

引导问题

1. 产品生产为何要绘制三视图？

2. 相对于立体图，三视图有何优点？

3. 实训用具：拉手实物、测量工具、A4纸、绘图工具。

学习过程

一、三视图原理探求

任务规则：以小组为单位，分工进行查阅、讨论、填写和汇报，以任务单（见表2-1）填写最完整、最全面，阐述最清晰为评判依据。

注：对每次子任务均进行效率评定，评出第一名，最后一节课进行汇总。

表 2-1 工作任务单

任务名称	三视图原理	完成小组	
填表人		要求时间	40 min
任务描述		为了弄清楚三视图的作用和原理，以便能更好地绘制三视图，需要学生进行相关资料的查询、学习，完成本表，并且每小组派代表进行阐述	
问题	回答与表达		
为何要绘制三视图			
相对于立体图，三视图有何优点			
三视图三个投影面是怎样摆放的，各是什么名称			
三个面的投影视图有何关系（可用物体进行三视图等量关系的表达）			

填报人：　　　日　期：

二、标准几何体（见图 2-1）的三视图训练（40 分钟）

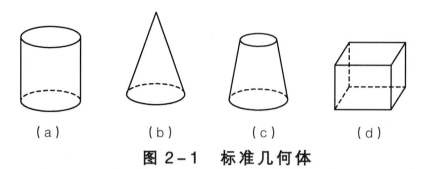

图 2-1　标准几何体

（1）直径 30 mm，高 50 mm 的圆柱；

（2）直径 20 mm，高 50 mm 的圆锥；

（3）上表面直径 20 mm，下表面直径 30 mm，高 50 mm 的圆台；

（4）长 30 mm，宽 20 mm，高 50 mm 的立方体。

任务规则：以个人为单位在 A4 纸上绘制，可以组内讨论，以图形最正确、图线最美观、绘制最快速为优，控制时间 40 分钟。

三、三视图图形绘制训练

（1）任务规则：以小组为单位进行讨论、绘图，在立体图（见图 2-2~图 2-8）上进行测量，在 A4 纸上绘制，以图形最正确、图线最美观、绘制最快速为优，控制时间 40 分钟。

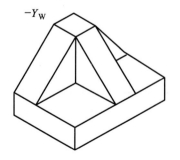

$-Y_W$

图 2-2　立体图 1

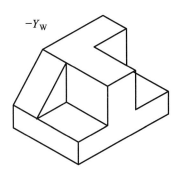

图 2-3　立体图 2

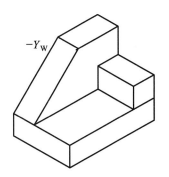

图 2-4　立体图 3

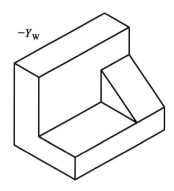

图 2-5　立体图 4

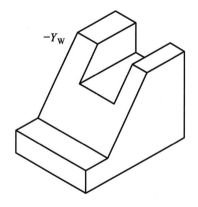

图 2-6　立体图 5

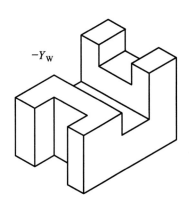

图 2-7　立体图 6

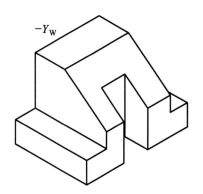

图 2-8　立体图 7

（2）任务规则：以小组为单位进行讨论、绘图，在三视图（见图2-9~
图2-11）上进行测量，在A4纸上绘制，以图形最正确、图线最美观、
绘制最快速为优，控制时间40分钟。

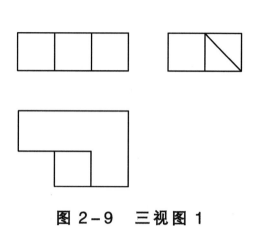

图2-9　三视图1

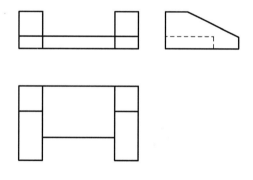

图2-10　三视图2

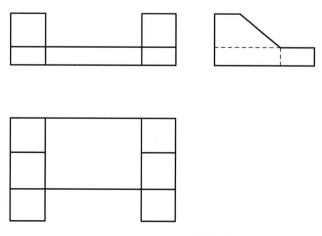

图2-11　三视图3

四、家具拉手及层板托实物的测绘与三视图绘图（60 分钟）

（＊介绍游标卡尺的使用）

任务规则：以小组为单位进行讨论、绘图，以 1 ：1 的比例在 A4 纸上绘制装订边图框和标题栏的图纸，以图形最正确、图线最美观、绘制最快速为优，要求用图板和丁字尺配合制图，控制时间 60 分钟。

（1）拉手：长 200 mm，高 30 mm，圆角 5 mm，拉手厚度 6 mm，壁厚 1.5 mm，见图 2-12。

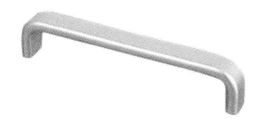

图 2-12　拉手 1

（2）拉手：长 180 mm，高 28 mm，外弧 120 mm，拉手厚度 6 mm，壁厚 1.5 mm，三角撑长度 15 mm，见图 2-13。

图 2-13　拉手 2

（3）茶几脚：连接面 80 mm×48 mm×9 mm，通孔 4×Φ5，孔位均布，总高 100 mm，脚内圆柱 Φ25×15，见图 2-14。

图 2-14　茶几脚

五、三视图图形拓展训练

任务规则：以小组为单位进行讨论，根据所给的立体图选出正确的三视图（见图2-15）。

（任务中间：以抢答方式进行小组评比，答对加1分，答错不扣分，最后选出优秀小组，优秀小组的排名统计到学期末汇总，最后颁发奖品）

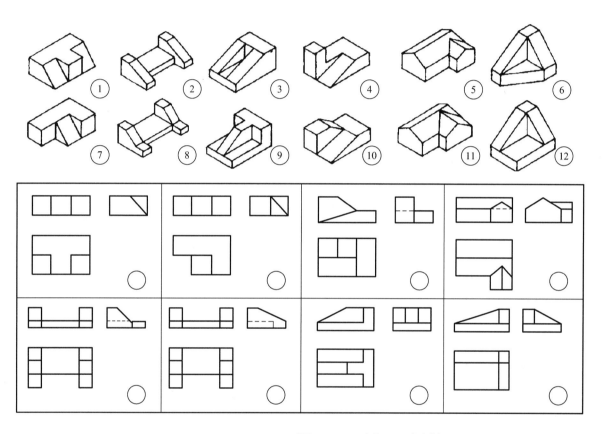

图 2-15   三视图图形拓展训练

六、成果点评、教师汇总讲解（30分钟）

（1）教师先对小组进行点评，评出优秀小组；

（2）教师对每位同学的作品进行点评，指出优缺点；

（3）对三视图制图方法和技巧进行汇总讲解；

（4）进行评价打分。

评价反馈见表 2-2。

表 2-2 评价反馈

每位同学的作品点评和分析（30 分钟）。

考核项目	考核要求	分值	个人评价	组内评价	教师评价
职业素养	(1) 遵守实训室管理规定	5			
	(2) 着装整齐，不穿拖鞋，不迟到，不早退	5			
	(3) 遵守学习纪律，不做与课堂无关的事情	5			
	(4) 桌面整洁，准备充分，遵守"8S"管理规定	5			
	(5) 展现积极的精神面貌，有团队协作的能力	5			
	(6) 文明礼貌，尊敬老师、同学	5			
工作认知	能正确理解工作任务、工作流程与方法	5			
工作要求	(1) 填写内容完整、全面	20			
	(2) 语言表达合适、规范	10			
	(3) 查询信息的方式有效，信息筛选合理	5			
	(4) 充分参加小组讨论	5			
成果展示	(1) 积极大胆发言	5			
	(2) 语言流畅，思路清晰	5			
	(3) 展示方式富有特色	5			
成果提交	(1) 能按时、按量提交作品	5			
	(2) 能按正确要求提交作品	5			
总分		100			
小组评语及建议	他 / 她的优点： 他 / 她的不足： 给他 / 她的建议：	组长签名： 日期：			
老师评语与建议		评定等级或分数 _____ 教师签名： 日期：			

学习活动二
长茶几三视图抄绘

学习目标

（1）熟知各类制图工具，并掌握主要制图工具的使用方法。

（2）熟悉家具制图的国家标准和规范。

（3）能正确抄绘家具三视图，了解三视图的基本规律。

学习课时：8课时。

笔记栏

学习任务描述

　　深圳某家具公司的主案设计师的茶几设计方案评审获得通过后，为了便于讨论和修改，设计总监安排绘图员用手绘制图完成该项任务。为让新进厂的绘图员掌握手绘图纸规范，总监让他们先抄绘一份规范的三视图图纸。

引导问题

1. 常见图纸的幅面有多少种？大小尺寸如何？有什么规律？

2. 规范的图纸为何需要绘制图框？图框的标准是什么？

3. 铅笔的标号（H/B）与软硬、浓淡有何联系？用法有何不同？

工作任务单见表2-3。

表 2-3 工作任务单

任务名称	长茶几三视图抄绘	发起部门	设计部
填表人		要求时间	180 min
任务描述	新入职的绘图员要熟悉图纸规范，须根据设计部的培训要求，查阅相关家具制图标准资料，抄绘家具三视图图纸，并分四步进行制图小结		
步骤	工作内容	工作体会和归纳小结	
图框抄绘		工作体会 图框标准	
三视图抄绘		工作体会 三视图规律	
标注抄绘		工作体会 尺寸标注	
检查加深		工作体会 图线标准	
比例与字体标准规范	比例： 字体： 填报人：　　　日　期：		

📋 学习过程

一、标注的练习（见图 2-16）

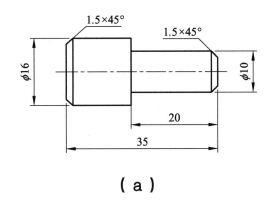

（a）

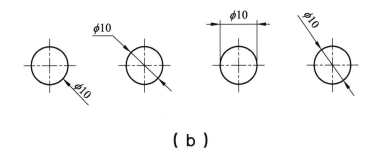

（b）

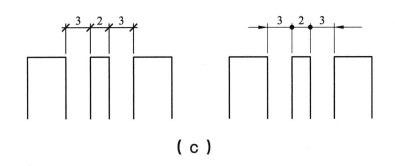

（c）

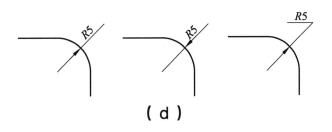

（d）

图 2-16　标注的练习

二、茶几三视图绘制（见图2-17）

（1）图框绘制：利用A2图板、丁字尺、胶带完成图纸的粘贴，查询图框标准，在白纸上绘制带装订边的图框，归纳图纸粘贴技巧，以及铅笔型号的选择。

任务要求：小组内讨论，独立完成任务，小组推选一名同学进行成果展示，并阐述完成该活动的体会和图框国家标准（20分钟）。

（2）三视图抄绘：在已经绘制好图框的图纸上，利用绘图工具抄绘茶几的三视图，注意与原图的一致性、图纸的整洁性、图形信息的完整性。

任务要求：小组讨论，独立完成任务，小组推选一名同学进行成果展示，并阐述完成该活动的体会和建议，说明茶几三个视图有何关系（50分钟）。

（3）尺寸标注：在已经绘制好图框的图纸上，利用绘图工具抄绘茶几的尺寸，注意与原图的一致性、尺寸标注的规范性、图形信息的完整性。

任务要求：小组讨论，独立完成任务，小组推选一名同学进行成果展示，并初步阐述尺寸标注的规范要求（40分钟）。

（4）绘制标题栏、检查、图纸加深：在抄绘尺寸标注后，把标题栏补充完整，然后检查整改三视图并加深线条。

任务要求：小组讨论，独立完成任务，小组推选一名同学进行成果展示，并阐述加深线条的技巧和感受（40分钟）。

（5）国标文字和字母、数字、图线的抄绘拓展训练。

任务要求：查阅图线标准规范，独立完成任务，小组推选一名同学进行成果展示，并阐述图线宽度的国家规范（40分钟）。

（6）教师点评，对每位同学的作品进行点评，指出优缺点。同时用PPT的形式总结家具制图的一般性标准（40分钟）。

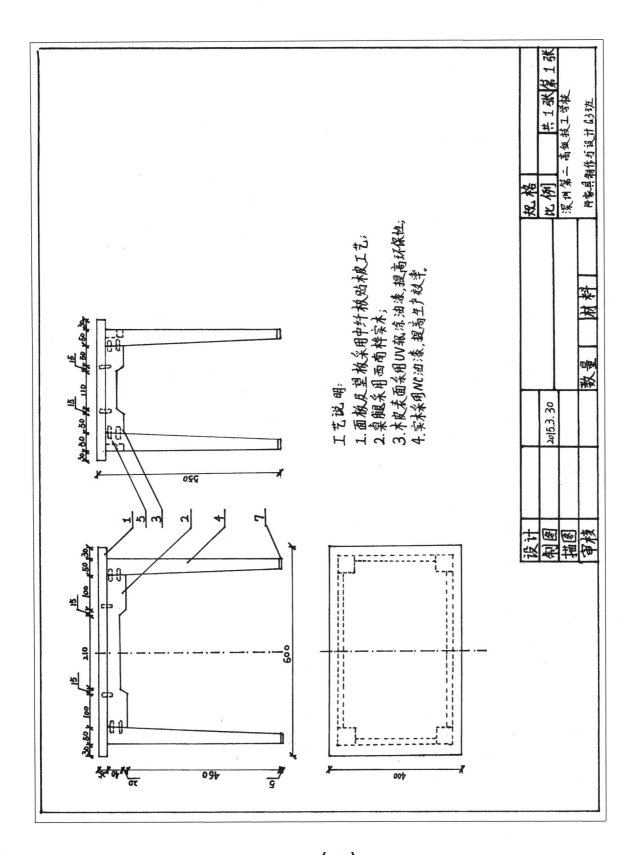

工艺说明：

1. 面板反望望格采用中纤板贴木皮工艺；
2. 桌腿采用西南桦实木；
3. 木皮表面采用UV氨漆油漆，提高环保性；
4. 实木采用NC油漆，提高生产效率。

设计			规格		共 1 张第 1 张
制图	2015.3.30		比例		
描图				深圳第二高级技工学校	
审核		数量	材料	时装具制作与设计 63班	

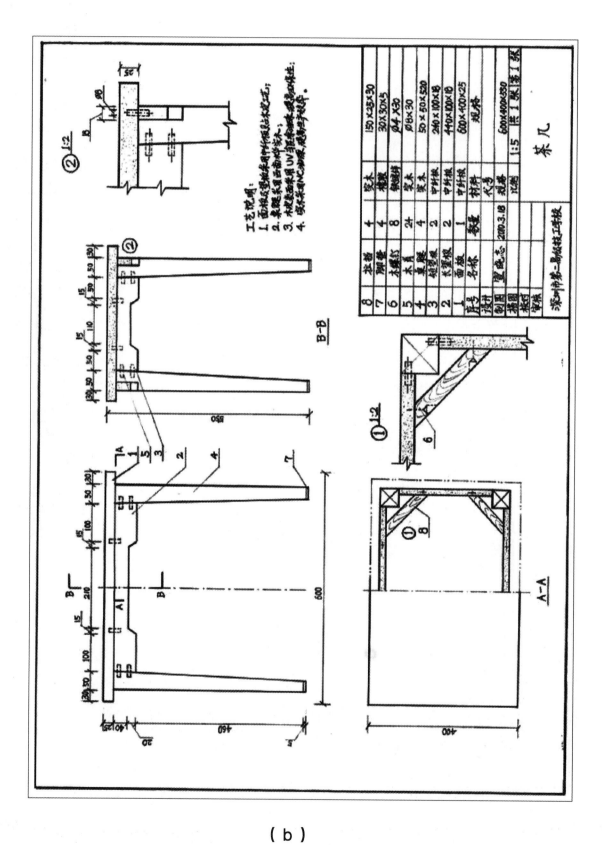

（ b ）

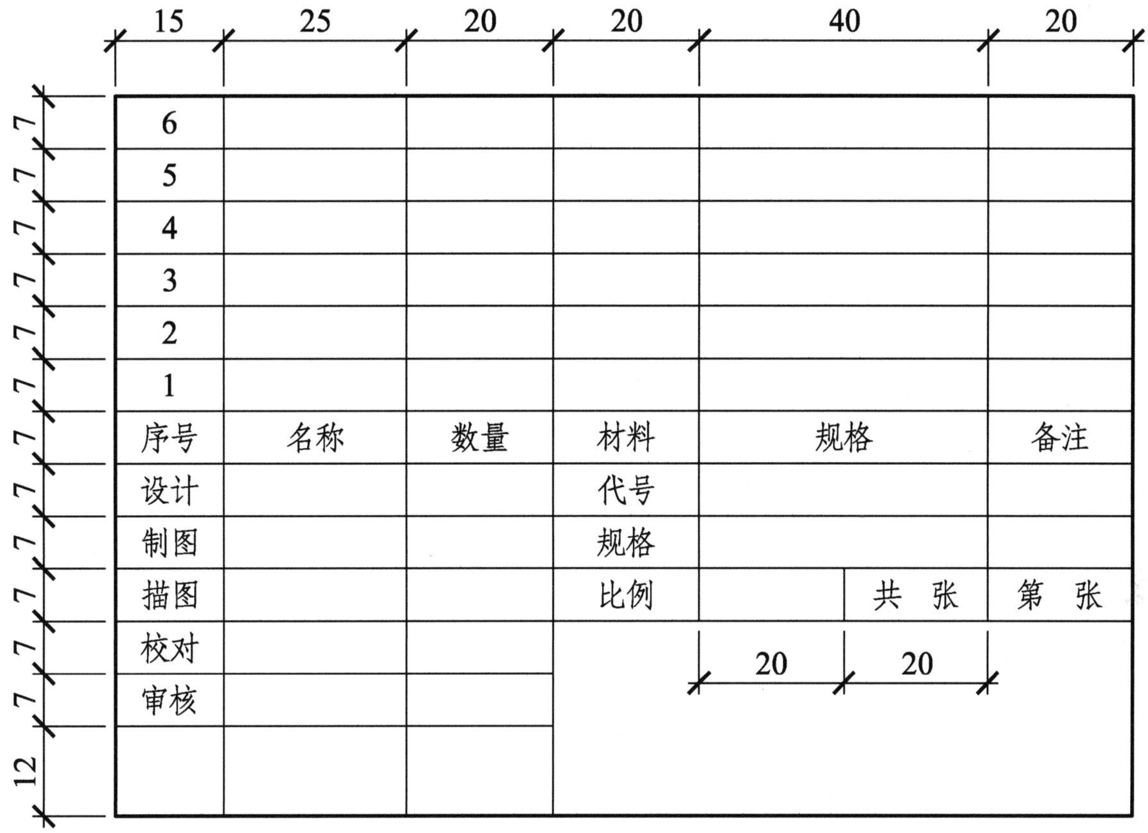

15	25	20	20	40	20
6					
5					
4					
3					
2					
1					
序号	名称	数量	材料	规格	备注
设计			代号		
制图			规格		
描图			比例	共　张	第　张
校对				20	20
审核					

（c）

图 2-17　茶几三视图绘制

评价反馈见表2-4。

表2-4　评价反馈

考核项目	考核要求	分值	个人评价	组内评价	教师评价
职业素养	(1) 遵守实训室管理规定	5			
	(2) 着装整齐，不穿拖鞋，不迟到，不早退	5			
	(3) 遵守学习纪律，不做与课堂无关的事情	5			
	(4) 桌面整洁，准备充分，遵守"8S"管理规定	5			
	(5) 展现积极的精神面貌，有团队协作的能力	5			
	(6) 文明礼貌，尊敬老师、同学	5			
工作认知	能正确理解工作任务、工作流程与方法	5			
工作要求	(1) 抄绘图纸内容完整、全面	15			
	(2) 图线使用符合制图规范	10			
	(3) 标注完整，符合规范	10			
	(4) 字体美观，纸面整洁	10			
	(5) 图框和标题栏绘制正确	5			
	(6) 对三视图有正确认识	5			
成果提交及展示	(1) 能按时、按量提交正确作品	5			
	(2) 沟通充分，积极发言，语言表达清晰	5			
总分		100			
小组评语及建议	他／她的优点： 他／她的不足： 给他／她的建议：	组长签名： 日期：			
老师评语与建议		评定等级或分数 _____ 教师签名： 日期：			

学习拓展

一、图纸幅面

1. 基本幅面尺寸

A0：1189×841；A1：841×594；A2：594×420；A3：420×297；A4：297×210（尺寸基本规律为前面图号幅面尺寸为后一相邻图号幅面尺寸的2倍，见图2-18）。

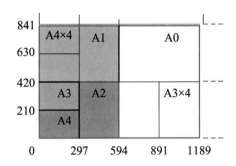

图 2-18　基本幅面尺寸

2. 图框格式

在图纸上必须用粗实线画出图框，其格式分为不留装订边和留有装订边两种，但同一产品的图样只能采用一种格式。不留装订边的图样，其图框格式如图2-17（b）所示。要装订的图样，其图框的格式如图2-17（a）所示。两种图框线都必须用粗实线绘制。

3. 标题栏

每张图纸上都必须画出标题栏，并配置在图框的右下角。国标GB/T 10609.1—2008规定了标题栏的格式和尺寸。标题栏的外框为粗实线，中间分格线用细实线，右边线和底边线与图框重合。应注意的是标题栏的位置一旦确定，看图的方向也就确定了。根据家具行业的特点，标题栏的内容有所不同。学校的制图作业中常采用简化的标题栏。

常用家具零部件制图标题栏见图2-19。

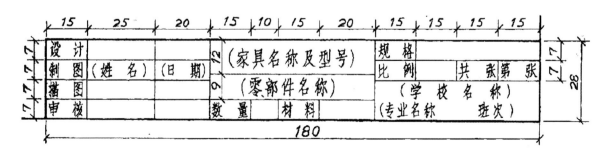

图 2-19　常用家具零部件制图标题栏

二、比例（GB/T14690—93）
国标 GB/T 14690—93 规定了绘图比例及其标注方法。

三、字体（GB/T14691—93）

书写汉字、数字、字母必须按国标 GB/T 14691—93 的规定样式，做到：字体端正、笔画清楚、间隔均匀、排列整齐。国标中以字体高度代表字体的号数，共规定了 8 种字号，字体高度（用 h 表示）的公称尺系列为 1.8、2.5、3.5、5、7、10、14、20 mm。若需要书写更大的字，字体高度应按　的比例递增。

（1）汉字：图上的汉字应写成长仿宋体，并采用国家正式公布推行的简化字。长宽之比为 $h/\sqrt{2}$，高度 h 应不小于 3.5 mm。长仿宋体的特点是横平竖直，注意起落，结构均匀，填满方格。图样中一般汉字的高度 h 应为 5 mm。

（2）数字和字母：按国标 GB/T 14691—93 的规定样式书写。数字和字母分 A 型和 B 型。A 型字体的笔画宽度为字高的 1/14，B 型字体的笔画宽度为字高的 1/10。在同一图样上，只允许采用一种形式的字体。数字和字母有 2 种：直体和斜体。一般采用斜体，斜体字字头向右倾斜，与水平基准成 75°。

四、图线（GB/T 4457.4—2002）

（一）图线的形式及其应用

要认真掌握国标（GB/T 4457.4—2002）中规定的机械工程图样中常采用的 8 种图线线型的画法。常采用的 5 种图线线型为粗实线、细实线、细点画线、细双点画线、虚线。

在同一图样中，同类图线的宽度应一致。粗线的宽度 b 按图的大小和复杂程度，在 0.5~2 mm 之间选择，一般为 1 mm 左右，细线的宽度约为 $b/3$（见表 2-5）。

图线重合时，按下列顺序优先：粗实线—虚线—点画线。

表 2-5　图线形式和图线宽度

图线名称	图线形式	图线宽度	选定宽度
实　线	——————————————	$b(0.25~1\text{ mm})$	0.5 mm
粗实线	▬▬▬▬▬▬▬▬	1.5~2b	0.7 mm
虚　线	– – – – – – – – –	$b/3$ 或更细	0.25 mm
粗虚线	▬ ▬ ▬ ▬ ▬ ▬ ▬	1.5~2b	0.7 mm
细实线	——————————————	$b/3$ 或更细	0.25 mm
点画线	— · — · — · — · —	$b/3$ 或更细	0.25 mm
双点画线	— · · — · · — · · —	$b/3$ 或更细	0.25 mm
双折线	～/～/～/～	$b/3$ 或更细	0.25 mm
波浪线	～～～～～	$b/3$ 或更细（徒手绘制）	0.25 mm

图线形式及其应用见图2-20。

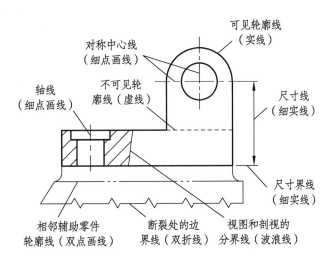

图 2-20　图线形式及其应用

A0、A1幅面，粗、细线型宽优先采用1.0 mm、0.35 mm；对于A2、A3及A4幅面，粗、细线型宽优先采用0.7 mm、0.25 mm。

（二）图线的画法

（1）同一图样中，同类图线的宽度应基本一致。虚线、点画线及双点画线的线段长短和间隔应各自大致相等。

（2）两条平行线（包括剖面线）之间的距离应不小于粗实线的两倍宽度，其最小距离不得小于0.7 mm。

（3）绘制图的对称中心线时，应超出图外2～5 mm。首末两端应是画，不是点。圆心应是线段的交点。在较小的图形上绘制点画线有困难时，可用细实线代替，如图2-21所示。

（4）虚线与虚线（或其他图线）相交时，应线段相交，虚线是实线的延长线时，在连接处应留有间隙。

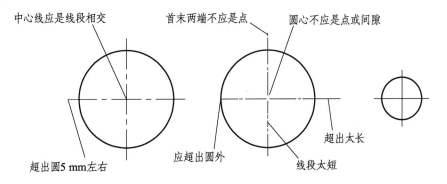

图 2-21　图线的画法

小词典：家具制图标准

家具制图标准：隶属于中国轻工业标准汇编——家具卷（QB/T 1338—2012），本标准规定了绘制家具制造图样的基本方法，适用于木家具，其他家具也应参照使用。

茶几：中国清代时开始盛行的家具。明代时香几兼有茶几的功能，到了清代，茶几才从香几中分离出来，演变为一个独立的新品种。一般来讲，茶几较矮小，有的还做成两层式，与香几比较容易区别。清代茶几较少单独摆设，往往放置于一对扶手椅之间，成套陈设在厅堂两侧。现代的茶几多与沙发配合使用，分为长茶几和方茶几两种，多见摆放于客厅（见图2-22）。

图 2-22　茶几

小提示：

训练过程中，在了解不同工具特点的同时，还应该研究它们的不同使用方法所能给我们带来的多种可能性。如用同一支铅笔，握笔的方法不一，落笔的方法不一，行为状况不一，都可能产生不同的效果。

学习活动三
小方几测绘及三视图制图

学习目标

（1）能运用三视图的绘图方法绘制家具三视图。

（2）掌握家具制图尺寸标注和比例表达的标准规范。

（3）能运用产品测绘方法，初步掌握几类家具的体量尺寸及零部件组成。

学习课时：10课时。

学习任务描述

深圳某家具公司每年要进行产品的开发，为了更快更好地研发产品，公司从市场上购置了一批畅销产品进行分析借鉴，为此设计总监安排绘图员，首先按照家具实物用手绘的方式完成家具三视图的绘制，用于研究讨论。

引导问题

1. 产品三视图需不需要标注尺寸？标注有何基本规范？

2. 如何把体量很大的家具绘制到 A3 图纸上？

3. 实训用具：小方几实物、测量工具、A3 纸、绘图工具。

工作任务单见表 2-6。

表 2-6 工作任务单

任务名称	产品三视图绘制	完成小组	
填表人		要求时间	200 min
任务描述	为了弄清楚三视图的作用和原理，以便能更好地绘制三视图，需要学生进行相关资料的查询、学习，完成本表，并且每小组派代表进行阐述		
对家具测绘、记录的工作总结			
对三视图绘图的工作总结			
对图纸尺寸标注的工作总结			
对尺寸标注拓展训练的工作总结			

填报人：　　　日　期：

 学习过程

一、 小方几产品实物（见图 2-23）测绘

任务规则：

（1）以小组为单位进行测绘，组员分工进行记录、测量和检查；

（2）注意用卷尺和游标卡尺配合进行，并尽量记录产品的颜色、材料；

（3）以记录准确、描述全面、测绘最快速为优，控制时间 40 分钟。

二、小方几三视图绘制

图 2-23　小方几

任务规则：

（1）以个人为单位进行绘制，可以组内讨论；

（2）在 A3 纸上绘制带装订边图框、设计标题栏的规范图纸；

（3）查阅资料，确定合适的绘图比例，进行尺寸换算，绘制家具三视图；

（4）以图形最正确、图线最美观、绘制最快速为优；

（5）要求使用图板和丁字尺配合制图，控制时间 80 分钟；

（6）以小组为单位，组长收齐上交，按照绘图质量和速度进行小组评优。

三、小方几三视图的尺寸标注

任务规则：

（1）以个人为单位进行绘制，可以组内讨论；

（2）在小方几三视图的图纸上进行尺寸标注；

（3）查阅资料，学习规范的尺寸标注方法，进行尺寸标注；

（4）以标注规范、美观，线型使用正确，绘制快速为优；

（5）要求使用图板和丁字尺配合制图，控制时间 40 分钟。

四、尺寸标注拓展训练

任务规则：

（1）以个人为单位进行绘制，可以组内讨论；

（2）在三视图图纸上进行尺寸标注；

（4）以标注规范、美观，线型使用正确，绘制快速为优；

（5）要求使用图板和丁字尺配合制图，控制时间 40 分钟。

五、成果点评、教师汇总讲解

（1）教师先对小组进行点评，评出优秀小组；

（2）教师对每位同学的作品进行点评，指出优缺点；

（3）对制图比例、尺寸标注等制图规范进行汇总讲解；

（4）进行评价打分，控制时间 40 分钟。

绘图比例、尺寸组成要素

绘图比例：图中图形与其所表达的实物相应要素的线性尺寸之比，即"图：物"的尺寸比例。

尺寸组成要素：尺寸标注由尺寸界线、尺寸线、尺寸起止符号和尺寸数字组成。

小提示：

　　绘图时，选用国标中规定的比例。一般应优先选用 1：1 的比例，家具制图常用的绘图比例为 1：2，1：5，1：10，其次是 1：3，1：4，1：6，1：8，1：15。

　　尺寸线、尺寸界线用细实线绘制，尺寸线的一端应距离图样的轮廓线不小于 2 mm，另一端宜超出尺寸线 2～3 mm。尺寸起止符一般应用中粗短斜线绘画，其倾斜方向应与尺寸界线成顺时针 45° 角，长度宜为 2～3 mm。在轴测图中标注尺寸时，其起止符号宜用小圆点。

学习拓展

一、比例

同一张图样上的各视图应采用相同的比例，并标注在标题栏中的"比例"栏内。图样无论放大或缩小，在标注尺寸时，应按机件的实际尺寸标注。

注意：角度与比例无关，同一图样中要采用相同的比例，复杂的零部件选用原值比例1：1，并注于标题栏内；允许使用不同的比例，但应在相应图形上方另加说明。

二、尺寸标注

（1）机件的真实大小应以图样上所注的尺寸数值为依据，与图形的大小及绘图的准确度无关。

（2）图样中（包括技术要求和其他说明）的尺寸，以毫米为单位时，不需标注计量单位的代号或名称，如采用其他单位，则必须注明相应的计量单位的代号或名称。

（3）图样中所标注的尺寸，为该图样所示机件的最后完工尺寸，否则应另加说明。

（4）机件的每一尺寸，一般只标注一次，并应标注在反映该结构最清晰的图形上。

三、游标卡尺识读

游标卡尺的读数可分为两步：第一步读出主尺的零刻度线到游标尺的零刻度线之间的整毫米数；第二步根据游标尺上与主尺对齐的刻度线读出毫米以下的小数部分，两者相加就是待测物体的测量值。一般是第一步较容易，第二步比较困难，下面着重介绍第二步的读数方法。

游标卡尺的读数举例如图2-24所示。由于画图存在误差的原因，所以对齐的线段以做标记的为准。

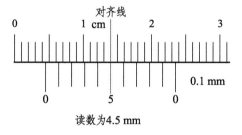

（a）精度为0.1 mm的卡尺

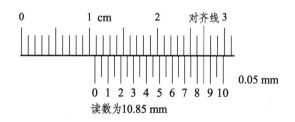

（b）精度为0.05 mm的卡尺

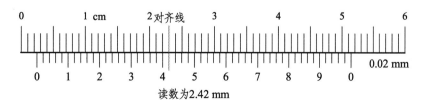

（c）精度为0.02 mm的卡尺

图2-24 游标卡尺的识读

评价反馈见表2-7。

表2-7 评价反馈

每位同学作品的点评和分析（30分钟）。

考核项目	考核要求	分值	个人评价	组内评价	教师评价
职业素养	（1）遵守实训室管理规定，不在教室吃东西	5			
	（2）着装整齐，不穿拖鞋，不迟到，不早退	5			
	（3）遵守学习纪律，不做与课堂无关的事情	5			
	（4）桌面整洁，准备充分，"8S"自我管理良好	5			
	（5）有团队协作的态度和能力	5			
	（6）文明礼貌，尊敬老师、同学	5			
工作认知	能正确理解工作任务、工作流程和方法	5			
工作要求	（1）能理解掌握三视图规律，并表达正确	10			
	（2）能正确利用三等规律绘制三视图	10			
	（3）图线使用符合制图规范	15			
	（4）零部件测绘方法合理，尺寸准确	5			
	（5）图纸整洁美观，纸面干净	5			
	（6）图框和标题栏绘制正确	5			
	（7）有较强的空间想象和分析能力	5			
成果提交及展示	（1）积极沟通、积极发言，语言表达良好	5			
	（2）能按时、按量提交正确的成果	5			
总分		100			
小组评语及建议	他/她的优点： 他/她的不足： 给他/她的建议：	组长签名： 日期：			
老师评语与建议		评定等级或分数 _____ 教师签名： 日期：			

学习活动四
小方几拆装及零部件图绘制

学习目标

（1）熟练掌握几类家具拆装的方法和步骤。

（2）掌握家具零部件测绘及三视图绘图。

（3）能通过绘制零部件图及结构装配图，理清家具内部连接结构。

学习课时：8 课时。

学习任务描述

深圳某家具公司每年要进行产品的开发，在完成了新产品的样品打样及评审确认后，需要进行零部件图纸的绘制，以便进行下一步的大批量生产。设计总监要求绘图员根据家具样品手绘家具的零部件图。

引导问题

1. 零部件图的作用是什么？该图纸需要表达何种信息？

2. 实训用具：小方几实物、拆装工具、A4 纸、绘图工具。

工作任务单见表2-8。

表 2-8　工作任务单

任务名称	零部件三视图绘制	完成小组及小组成员	
完成日期		要求时间	200 min
任务描述	为了进行下一步的大批量生产，要求拆卸家具样品，并测绘零部件的细部尺寸，手绘家具的零部件图，最后提交成果，并派代表进行阐述		
对家具零部件测绘、记录的工作总结			
对零部件图绘图的工作总结			
填报人：　　　　　　　　　　　　　　　　　日　期：			

📋 学习过程

一、明确工作任务

阅读工作任务单，说出本次任务的工作内容、时间要求、工作计划和分工，并在完成后进行工作总结和阐述。

二、家具拆装、测量、拍摄、数据记录

任务规则：以小组为单位，分工进行拆装、拍摄、记录及填写，组内每名学生都要掌握拆装的过程，以拆装方法正确、拆装速度快、小组配合协调、记录全面准确、阐述清晰为评判依据。控制时间80分钟。

准备的材料：打包的小方几、安装用螺丝刀、安装说明书、游标卡尺、卷尺等，如图2-25所示。

（＊对每次子任务均进行效率评定，评出第一名，最后一节课进行汇总）

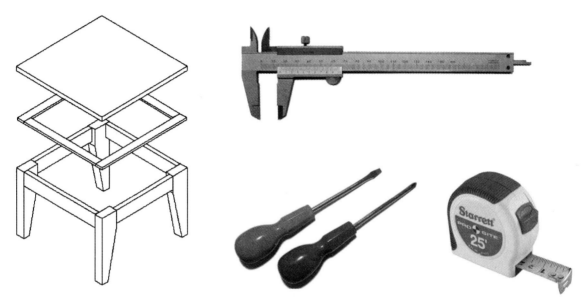

图 2-25　准备的材料及工具

三、家具零部件图绘制

任务规则：

（1）以小组为单位，先进行零部件图、家具封边、钻孔等工艺资料的查阅、讨论，确定如何表达零部件的表面材料、封边、钻孔，尤其是尺寸标注和工艺说明。

（2）每名学生根据拆卸的零部件测绘结果，绘制每块零部件的三视图；注意要表达孔位和工艺说明。

（3）完善图纸，包括图框、标题栏，线条加深。

评价：以零部件尺寸准确、各零部件图三视图完整正确、制图符合规范、图纸美观整洁为评判依据。控制时间120分钟。

准备的材料：安装好的小方几、绘图工具。

四、成果点评、教师汇总讲解

（1）教师先对小组进行点评，评出优秀小组；

（2）教师对每位同学的作品进行点评，指出优缺点；

（3）对零部件图、家具封边、钻孔、32 mm 系统等工艺知识进行汇总讲解；

（4）进行评价打分；

（5）控制时间40分钟。

零部件图、封边

　　零部件图：表达单个零件或部件的形状、大小和特征的图样，也是在制造、检验零件和部件时所用的图样。

　　封边：为了家具的美观性，以及防水防潮，用封边材料对零部件四周的侧面进行封闭操作。

小提示：

　　（1）注意测量零部件上的孔位直径时，用游标卡尺的内测法进行测量；

　　（2）连接在一起的两块零件，孔位的定位尺寸是对应关系，可进行相互校对。

学习拓展

32 mm 系统的学习

　　定义：32 mm 系统是一种依据单元组合理论，通过模数化、标准化的"接口"来构筑家具的制造系统。它是采用标准工业板材，即标准钻孔模式来组成家具和其他木制品，并将加工精度控制在 0.1~0.2 mm 的结构系统。

　　用这个制造系统组织生产获得的标准化零部件，可以组装成采用圆榫结合的固定式家具，或采用各类现代五金件组装成的拆装式家具。不论是哪种家具，其连接"接口"都要求处在 32 mm 方格网店的钻孔位置上。因其基本模数为 32 mm，所以称之为"32 mm 系统"。

　　基本含义：

　　（1）孔距为 32 mm；

　　（2）转孔直径为 5 mm；

　　（3）板面侧边到第一排排孔中心距离为 37 mm；

　　（4）平行的排孔中心之间的距离应为 32 mm；

　　（5）当板面上下端面与排孔第一个孔和最后一个孔的距离相同时，更能体现出 32 mm 系统的优点；

　　（6）当板面的前后边到排孔的距离都是 37 mm 时，同样更能体现此系统的优点。

主要特点：以柜体的旁板为中心，因为旁板几乎与柜类家具的所有零部件都发生关系，旁板前后两侧加工的排孔间距均为 32 mm 或 32 mm 的倍数。

由柜类家具的构成分析可知，柜体框架由顶底板、旁板、背板等结构部件构成，而活动部件如门、抽屉和搁板等则属于功能部件。因为门、抽屉和搁板都要与旁板连接，32 mm 系统就是通过上述规范将五金件的安装纳入同一个系统中，因而要在旁板上预钻孔，也就是规范里的系统孔，用于所有 32 mm 系统五金件（如铰链底座、抽屉滑道和搁板支承等）的安装。显然，预钻系统孔可以实现旁板的通用，不论怎样配置门、抽屉，总可以找到相应的系统孔用以安装紧固螺钉；同时门、抽屉能够互换，以形成系列化产品。

预钻孔根据用途的不同分为结构孔和系统孔。结构孔主要用于连接水平结构板，系统孔用于安装铰链底座、抽屉滑道和搁板等，如图 2-26 所示。

综上所述，32 mm 系统的精髓便是建立在模数化基础上的零部件的标准化，在设计时不是针对一个产品，而是考虑一个系列，其中的系列部件因模数关系而相互关联；其核心是旁板、门和抽屉的标准化、系列化。32 mm 系统的精髓是通过零部件的标准化来提高生产效率、降低生产成本；同时，它使家具的多功能组合变化成为可能。

为了方便钻孔加工，32 mm 系统一般都采用"对称原则"设计和加工旁板上的安装孔。

32 mm 系统采用基孔制配合，钻头直径均为整数值，并成系列。

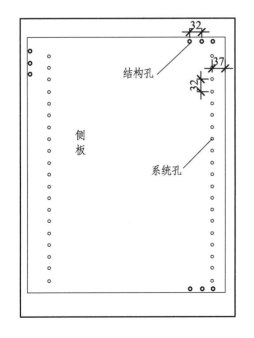

图 2-26　系统孔与结构孔

　　对称原则：所谓"对称原则"，就是使旁板的安装孔上下左右对称分布。同时，处在同一水平线上的结构孔、系统孔以及同一垂直线上的系统孔之间，均保持 32 mm 的孔距关系。这样做的优点是：同一系列内所有尺寸相同的旁板，可以不分上下左右，在同一钻孔模式下完成加工，从而达到最大限度地节省钻孔时间的目的。

　　系统标准：根据海蒂诗（Hettich）公司的英文版手册，32 mm 系统规范主要包括三点：系统孔直径 5 mm，系统孔中心距侧板边缘 37 mm，系统孔在竖直方向上中心距为 32mm 的倍数。32 mm 系统是针对大批量生产的柜类家具进行的模数化设计，即以旁板为骨架，钻上成排的孔，用以安装门、抽屉、搁板等。

　　通用的标准孔径一般为 5 mm，孔深为 13 mm；当系统孔用作结构孔时，其孔径按结构配件的要求而定，一般常用的孔径为 5 mm、8 mm、10 mm 和 15 mm 等。

　　五金结构规范如图 2-27 所示。小茶几三视图如图 2-28 所示。

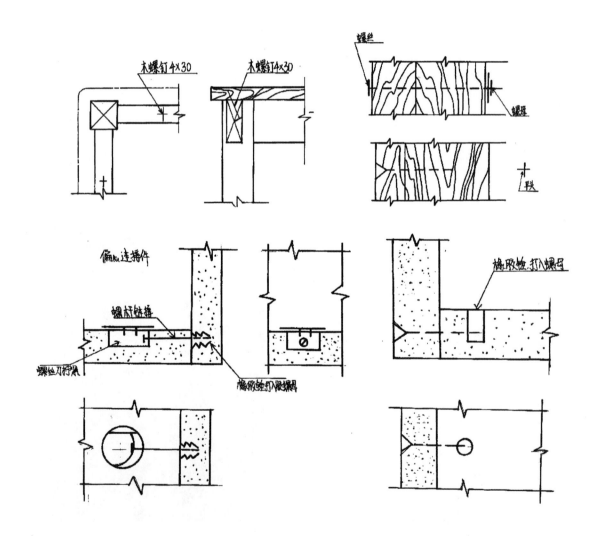

图 2-27　五金结构规范

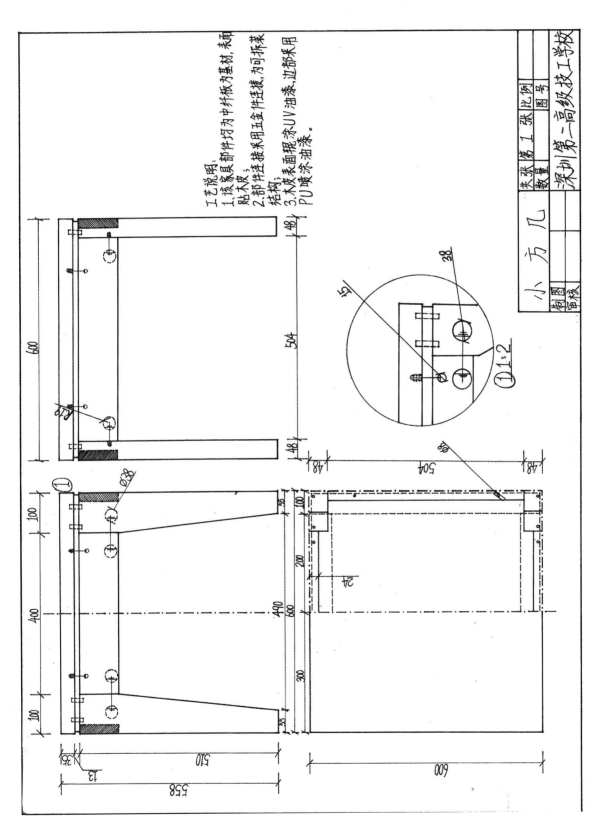

工艺说明:
1.该家具部件均为中纤板为基材,表面贴木皮;
2.部件连接采用五金件连接,为可拆装结构;
3.木皮表面观流涂UV油漆,边部采用PU喷涂油漆。

图 2-28　小茶几三视图

评价反馈见表 2-9。

表 2-9　评价反馈

每位同学作品的点评和分析（30 分钟）。

考核项目	考核要求	分值	个人评价	组内评价	教师评价
职业素养	（1）遵守实训室管理规定，不在教室吃东西	5			
	（2）着装整齐，不穿拖鞋，不迟到，不早退	5			
	（3）遵守学习纪律，不做与课堂无关的事情	5			
	（4）桌面整洁，准备充分，"8S"自我管理良好	5			
	（5）有团队协作的态度和能力	5			
	（6）文明礼貌，尊敬老师、同学	5			
工作认知	能正确理解工作任务、工作流程和方法	5			
工作要求	（1）拆装家具、测绘和记录等工作的表现	10			
	（2）能正确利用三等规律绘制零部件三视图	15			
	（3）图线使用、标注、图框标题栏符合制图规范	10			
	（4）零部件的孔位、封边、材料、工艺表达全面	5			
	（5）图纸图形完整整洁，纸面干净	5			
	（6）图纸中各图形布局合理、美观	5			
	（7）有较强的结构想象和分析能力	5			
成果提交及展示	（1）积极沟通、积极发言，语言表达良好	5			
	（2）能按时、按量提交正确的成果	5			
总分		100			
小组评语及建议	他／她的优点： 他／她的不足： 给他／她的建议：	组长签名： 日期：			
老师评语与建议		评定等级或分数 _____ 教师签名： 日期：			

学习活动五
桌几测绘及三视图制图

 学习目标

（1）能运用三视图的绘图方法绘制家具三视图。

（2）掌握家具制图尺寸标注和比例表达的标准规范。

（3）能运用产品测绘方法，初步掌握几类家具的体量尺寸及零部件组成。

学习课时：8课时。

学习任务描述

深圳某家具公司每年要进行产品的开发，为了更快更好地研发产品，公司从市场上购置了一批畅销产品进行分析借鉴，为此设计总监安排绘图员，首先按照家具实物用手绘的方式完成家具三视图的绘制，用于研究讨论。

引导问题

1. 产品为何要绘制结构装配图？有哪些组成要素？

2. 实训用具：小方几实物、拆装工具、A4纸、绘图工具。

笔记栏

....
....
....
....
....
....
....
....
....
....
....
....
....
....
....
....

工作任务单见表 2-10。

表 2-10　工作任务单

任务名称	桌几三视图绘制	完成小组及 小组成员	
完成日期		要求时间	230 min
任务描述	为了弄清楚三视图的作用和原理，以便能更好地绘制三视图，需要学生进行相关资料的查询、学习，完成本表，并且每小组派代表进行阐述		
对家具拆装、测绘、 记录的工作总结			
对结构装配图绘图的 工作总结			
填报人：　　　　　　　　　　　　　　　　　　　日　期：			

学习过程

（1）图框绘制：利用 A2 图板、丁字尺、胶带完成图纸的粘贴，查询图框标准，在白纸上绘制带装订边的图框，归纳图纸粘贴技巧，以及铅笔型号的选择。

任务要求：小组内讨论，独立完成任务，小组推选一名同学进行成果展示，并阐述完成该活动的体会和图框国家标准（20 分钟）。

（2）三视图抄绘：在已经绘制好图框的图纸上，利用绘图工具抄绘桌几的三视图，注意与原图的一致性、图纸的整洁性、图形信息的完整性。

任务要求：小组讨论，独立完成任务，小组推选一名同学进行成果展示，并阐述完成该活动的体会和建议，说明桌几三个视图有何关系（50 分钟）。

（3）尺寸标注：在已经绘制好图框的图纸上，利用绘图工具抄绘桌几的尺寸，注意与原图的一致性、尺寸标注的规范性、图形信息的完整性。

任务要求：小组讨论，独立完成任务，小组推选一名同学进行成果展示，并初步阐述尺寸标注的规范要求（40分钟）。

（4）绘制标题栏、检查、图纸加深：在抄绘尺寸标注后，把标题栏补充完整，然后检查整改三视图并加深线条。

任务要求：小组讨论，独立完成任务，小组推选一名同学进行成果展示，并阐述加深线条的技巧和感受（80分钟）。

（5）教师点评，对每位同学的作品进行点评，指出优缺点。同时用PPT的形式总结家具制图的一般性标准（40分钟）。

结构装配图、剖视图

结构装配图：一种能够全面表达家具结构、装配关系，以及零部件形状和连接方式的图纸。

剖视图：为了表达家具或者零部件的内部结构、形状，假想用剖切面将其剖开，将处在观察者与剖切面之间的部分移开，而将其余部分向投影面进行投影所得的图形。

小提示：

（1）注意剖面符号用粗实线进行绘制，写明字母代号并与剖视图一一对应。
（2）材料与工艺说明要简明扼要地表达材料、连接方式、表面装饰信息。
材料与工艺说明：
① 该柜子主材采用中纤板，表面贴0.6 mm的木皮，柜脚采用西南桦实木；
② 本产品采用五金连接件进行连接，为板式可拆卸结构；
③ 产品表面主要采用辊涂UV漆，实木脚采用喷涂PU漆。

📐 学习拓展

结构装配图标题栏如图 2-29 所示。茶几桌立体图和三视图如图 2-30、图 2-31 所示。

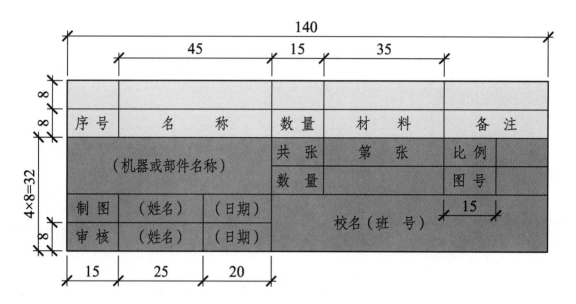

图 2-29　标题栏

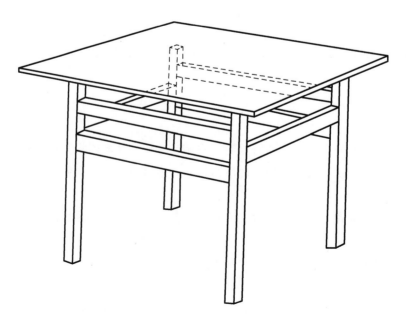

图 2-30　茶几桌立体图

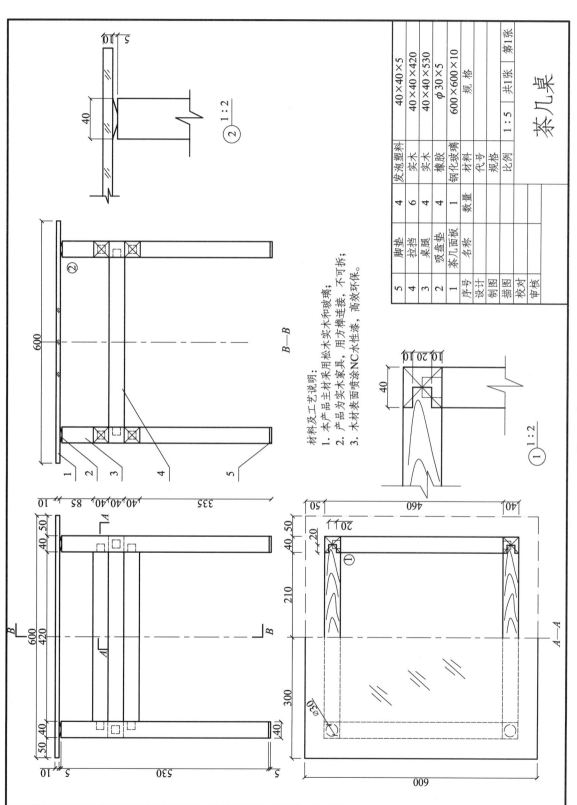

材料及工艺说明：
1. 本产品主材采用松木实木和玻璃；
2. 产品为实木家具，用方榫连接，不可拆；
3. 木材表面喷漆NC水性漆，高效环保。

5	脚垫	4	发泡塑料		40×40×5
4	拉挡	6	实木		40×40×420
3	桌腿	4	实木		40×40×530
2	吸盘垫	4	橡胶		φ30×5
1	茶几面板	1	钢化玻璃		600×600×10
序号	名称	数量	材料	代号	规格
设计			代号		
制图			规格		1:5	共1张	第1张
描图			比例		
校对					茶几桌
审核					

图 2-31 茶几桌三视图

评价反馈见表2-11。

表 2-11　评价反馈

每位同学作品的点评和分析（30分钟）

考核项目	考核要求	分值	个人评价	组内评价	教师评价
职业素养	（1）遵守实训室管理规定，不在教室吃东西	5			
	（2）着装整齐，不穿拖鞋，不迟到，不早退	5			
	（3）遵守学习纪律，不做与课堂无关的事情	5			
	（4）桌面整洁，准备充分，"8S"自我管理良好	5			
	（5）有团队协作的态度和能力	5			
	（6）文明礼貌，尊敬老师、同学	5			
工作认知	能正确理解工作任务、工作流程与方法	5			
工作要求	（1）能理解和掌握剖视图原理，并正确表达	10			
	（2）能正确利用三等规律绘制三视图	10			
	（3）图线使用、标注、图框标题栏符合制图规范	10			
	（4）家具结构表达合适，放大图选择合理	10			
	（5）图纸图形完整整洁，纸面干净	5			
	（6）图纸中各图形布局合理、美观	5			
	（7）有较强的连接结构分析能力	5			
成果提交及展示	（1）积极沟通、积极发言，语言表达良好	5			
	（2）能按时、按量提交正确的成果	5			
总分		100			
小组评语及建议	他/她的优点： 他/她的不足： 给他/她的建议：	组长签名： 日期：			
老师评语与建议		评定等级或分数 _____ 教师签名： 日期：			

⬀ 学习拓展

榫结构如图 2-32 所示。

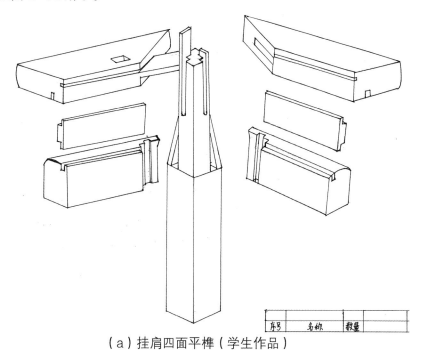

序号	名称	数量	

（a）挂肩四面平榫（学生作品）

（b）各类直榫（学生作品）

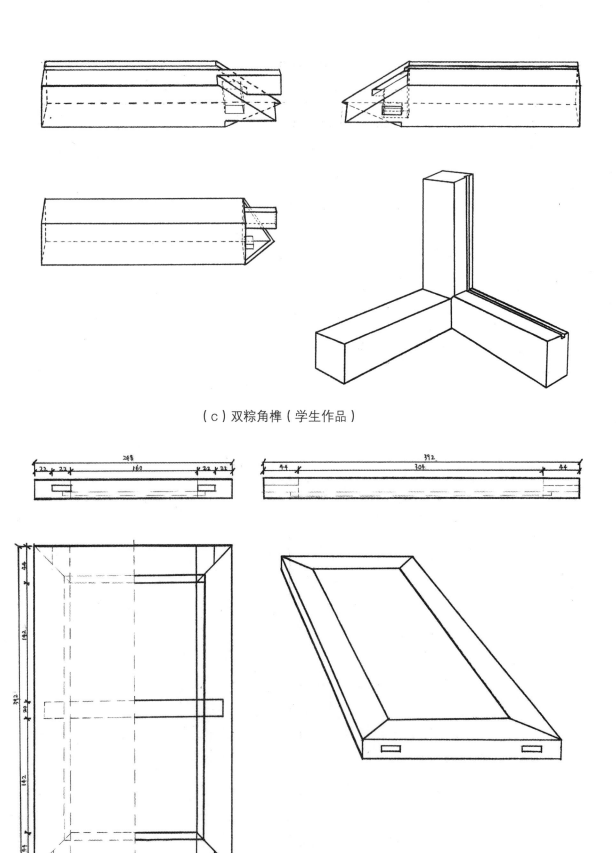

（c）双粽角榫（学生作品）

（d）攒边打槽装板（学生作品）

图 2-32　榫结构

书桌部件爆炸图如图 2-33 所示。

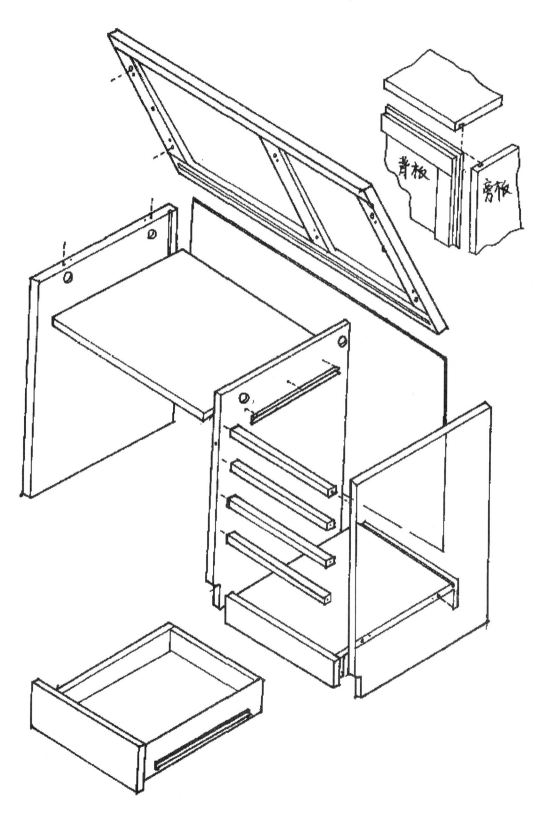

图 2-33　书桌部件爆炸图

学习活动六
桌几类家具图纸绘制考核与评价

学习目标

（1）检测学生桌类家具测绘的方法和步骤。

（2）通过绘图，检测学生独立绘制三视图的能力。

（3）通过独立绘图，检测学生绘制结构装配图的能力。

学习课时：8课时。

评价考核见表2-12。

学习任务描述

深圳某家具公司每年要进行产品的开发，从市场上购置一个畅销的餐桌后，需要进行装配图纸的绘制，以便进行下一步的工艺结构研发。设计总监要求绘图员根据家具样品手绘家具的结构装配图。

表 2-12　评价考核

每位同学作品的点评和分析（20分钟）。

考核项目	考核要求	分值	个人评价	组内评价	教师评价
职业素养	(1) 遵守实训室管理规定，不在教室吃东西	5			
	(2) 着装整齐，不穿拖鞋，不迟到，不早退	5			
	(3) 遵守学习纪律，不做与课堂无关的事情	5			
	(4) 桌面整洁，准备充分，"8S"自我管理良好	5			
	(5) 文明礼貌，尊敬老师、同学	5			
工作认知	能正确理解工作任务、工作流程与方法	5			
工作要求	(1) 能理解掌握剖视图原理，并表达正确	10			
	(2) 能正确利用三等规律绘制三视图	10			
	(3) 图线使用、标注、图框标题栏符合制图规范	10			
	(4) 家具结构表达合适，放大图选择合理	15			
	(5) 图纸图形完整整洁，纸面干净	5			
	(6) 图纸中各图形布局合理、美观	5			
	(7) 有较强的连接结构分析能力	10			
成果提交及展示	能按时、按量提交正确的成果	5			
总分		100			
老师评语与建议		评定等级或分数 _____ 教师签名： 日期：			

任务三　床柜类家具图纸绘制

学习活动一　床头柜抽屉分析及装配图绘制
学习活动二　电视柜拆卸、测绘及零部件图绘制
学习活动三　橱柜拆卸、测绘及零部件图绘制

PART

家具工程图绘制

MAKING THE ENGINEERING
DRAWINGS FOR FURNITURE

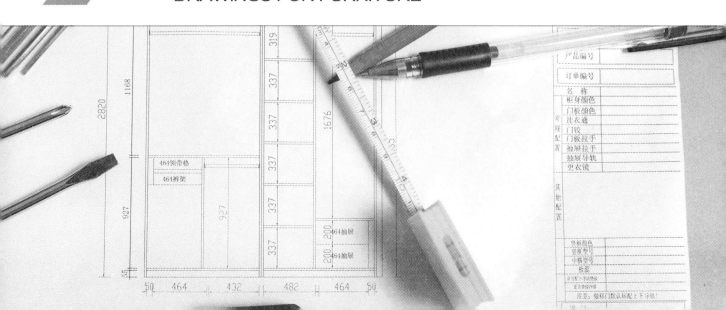

学习目标

(1) 熟知各类制图工具，并掌握主要制图工具的使用方法。

(2) 熟悉和掌握家具制图的国家标准和规范。

(3) 能分析和绘制柜类家具三视图。

(4) 能运用剖视方法绘制规范的家具结构装配图。

(5) 熟悉几类家具的常见结构及连接表达方法。

建议课时

24 课时。

　　深圳某家具公司以前的老产品图纸由于年代久远，没有电子版文件，只有纸质版图纸。现研发部开发产品需要对老产品纸质版图纸以电子文件进行存档归类，以便以后的修改和升级。设计总监安排绘图员用 AutoCAD 软件完成该项任务。

学习活动一
床头柜抽屉分析及装配图绘制

学习目标

（1）熟悉家具的抽屉拆装、零部件组成及连接方式。

（2）在测绘抽屉和绘图过程中，掌握柜类家具的抽屉类型和参数。

学习课时：6课时。

笔记栏

学习任务描述

深圳某家具公司要在以往的旧款上进行修改，开发一款新的床头柜，其主要修改抽屉的外观和结构，而旧款产品的图纸缺失，为此设计总监安排绘图员按照抽屉实物先绘制装配图纸，用于工艺设计和修改。

引导问题

1. 抽屉部件包含哪几种零配件？

2. 实训用具：床头柜抽屉、拆装工具、测量工具。

学习过程

一、床头柜抽屉的拆装及参数记录

任务规则：

（1）以小组为单位进行测绘、记录；

（2）测量时注意用卷尺和游标卡尺配合进行；

（3）详细记录产品抽屉部件用材、尺寸、连接紧固方式、材料表面装饰工艺等信息，为下一步绘图做准备；

（4）拆装场地：机房内，每名组员拆装一次，控制时间40分钟。

二、抽屉结构装配图的绘制

任务规则：

（1）以个人为单位进行绘制，可以组内讨论；

（2）在 A3 纸中绘制带装订边图框、装配图标题栏的规范图纸；

（3）确定合适的剖切方式，绘制家具结构装配图，并写明材料与工艺；

（4）以图形正确、结构表达完整、绘制最快速为优；

（5）控制时间 160 分钟。

三、成果点评、教师汇总讲解

（1）教师先对小组进行点评，评出优秀小组；

（2）教师对优秀作品和较差作品点评，指出优缺点；

（3）对抽屉的基本结构进行讲解及答疑；

（4）对 AutoCAD 尺寸标注进行答疑和汇总；

（5）进行评价打分，控制时间 40 分钟。

单抽床头柜实物及三视图如图 3-1、图 3-2 所示。

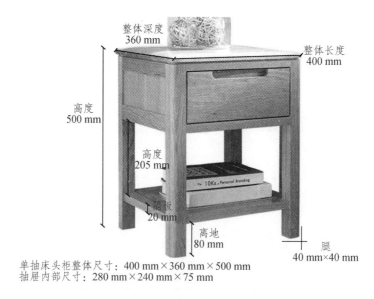

单抽床头柜整体尺寸：400 mm×360 mm×500 mm
抽屉内部尺寸：280 mm×240 mm×75 mm

图 3-1　单抽床头柜实物

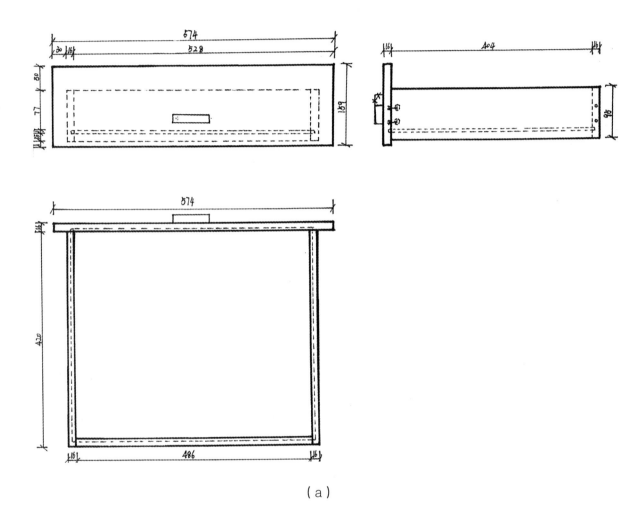

（a）

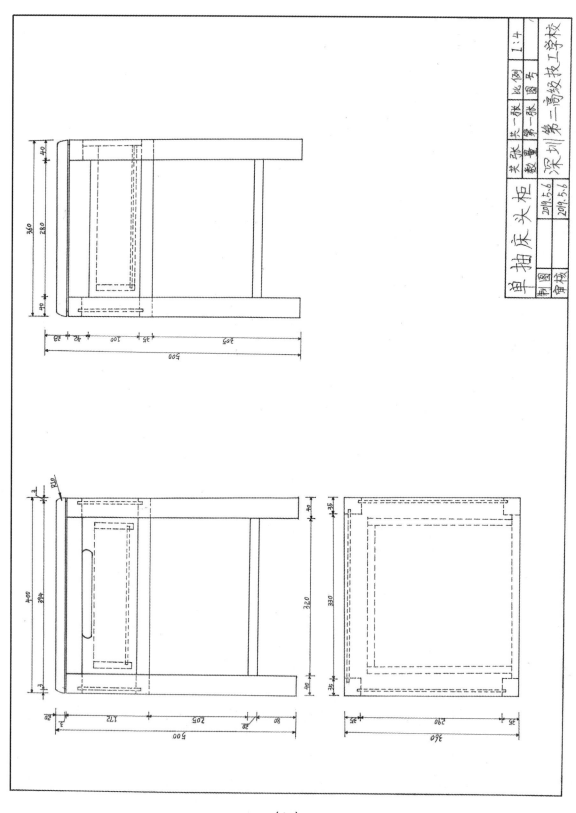

（b）

图 3-2　床头柜三视图

学习拓展

茶几工艺结构图如图 3-3 所示。

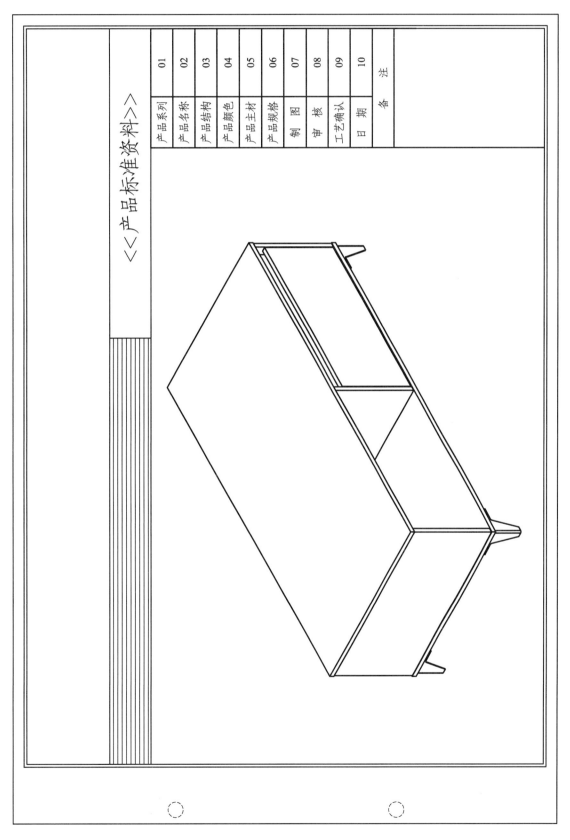

	产品系列	01
	产品名称	02
	产品结构	03
	产品颜色	04
<<产品标准资料>>	产品主材	05
	产品规格	06
	制　图	07
	审　核	08
	工艺确认	09
	日　期	10
	备　注	

（a）

01	02	03	04	05	06	07	08
系列	产品名称	部件名称	数量	比例	制图	审核	工艺确认

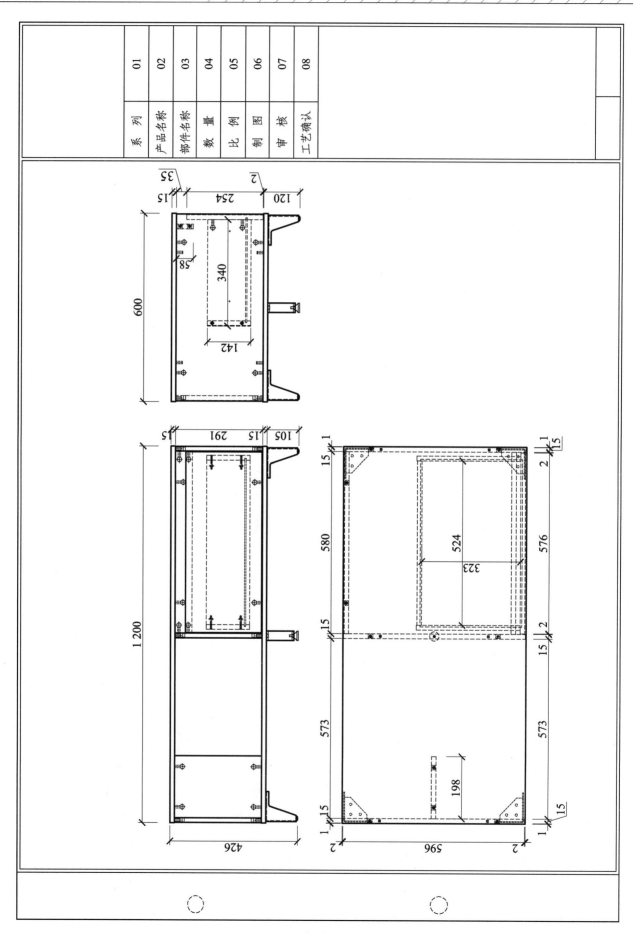

（b）

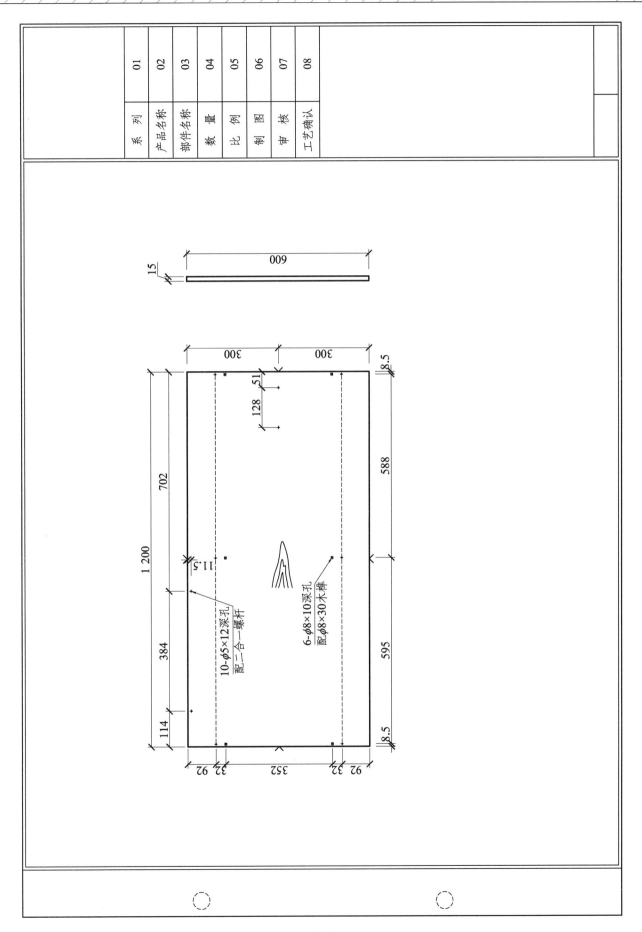

01	系　列	
02	产品名称	
03	部件名称	
04	数　量	
05	比　例	
06	制　图	
07	审　核	
08	工艺确认	

600

15

300

300

8.5

128 51

702

588

1 200

11.5

10-φ5×12深孔
配二合一螺杆

6-φ8×10深孔
配φ8×30木榫

384

595

114

8.5

92 32

352

32 92

(c)

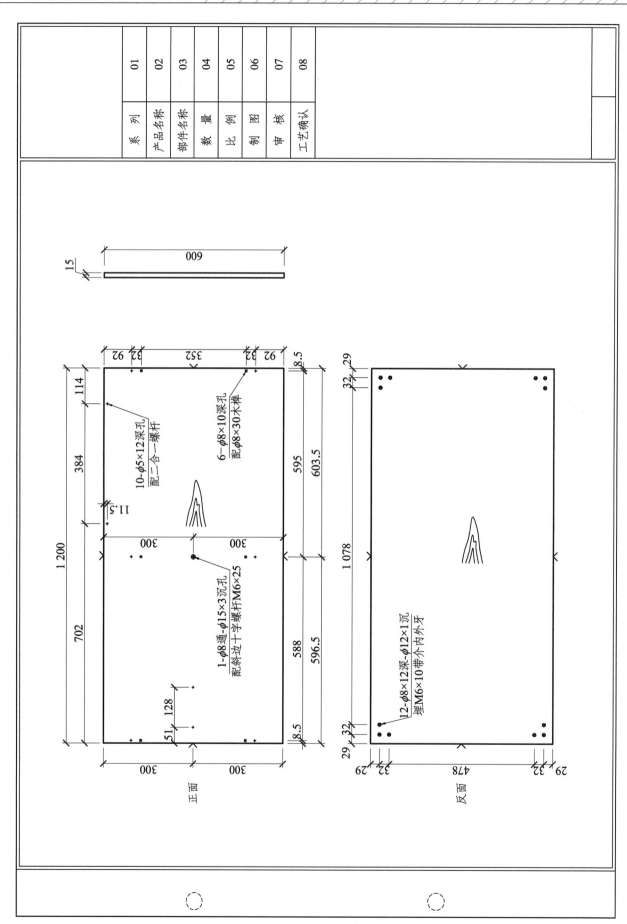

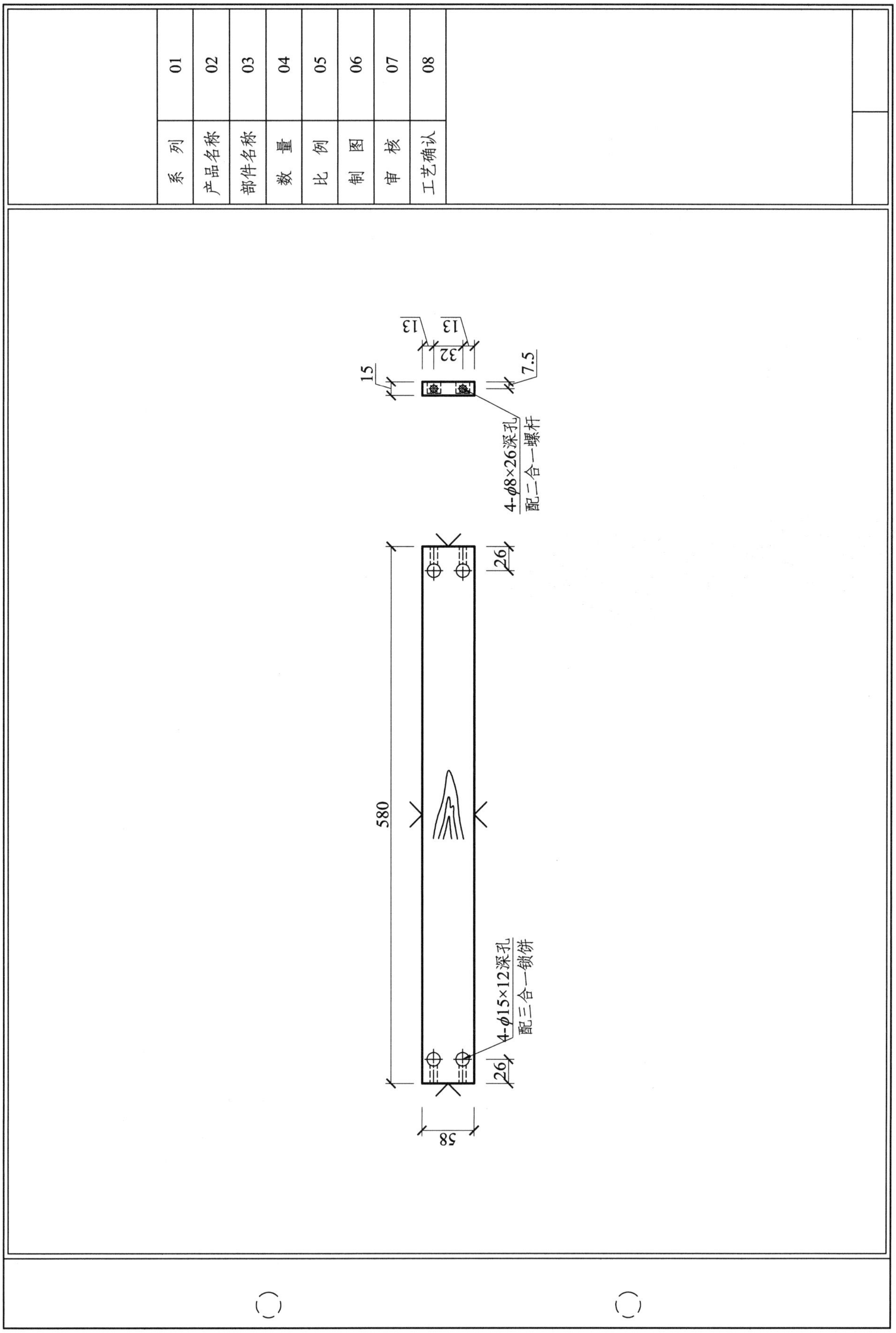

	01	系 列	
	02	产品名称	
	03	部件名称	
	04	数 量	
	05	比 例	
	06	制 图	
	07	审 核	
	08	工艺确认	

15

13

13

32

7.5

4-φ8×26深孔
配二合一螺杆

580

26

26

58

4-φ15×12深孔
配三合一锁饼

01	02	03	04	05	06	07	08
系列	产品名称	部件名称	数量	比例	制图	审核	工艺确认

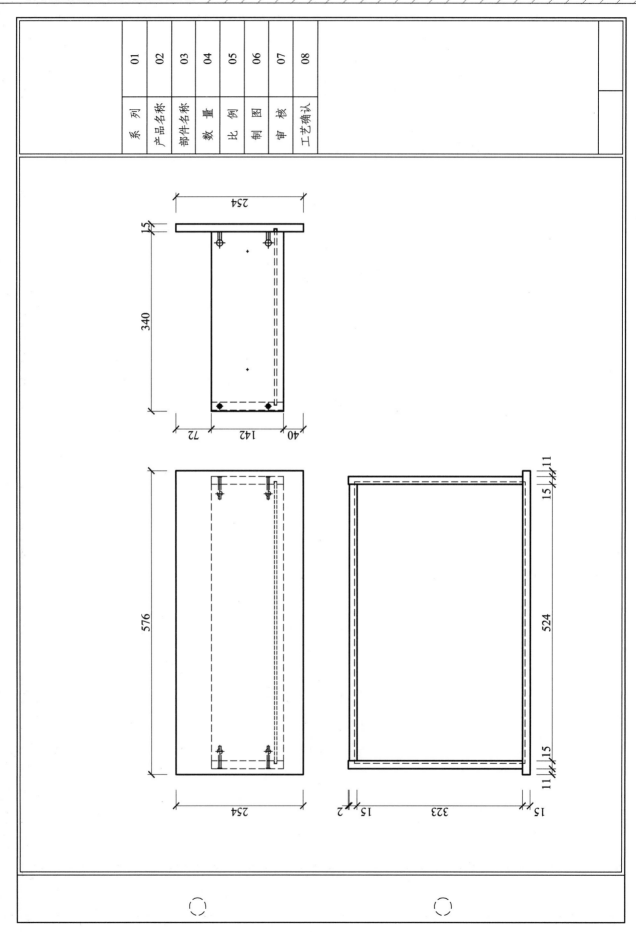

	01	02	03	04	05	06	07	08
	系 列	产品名称	部件名称	数 量	比 例	制 图	审 核	工艺确认

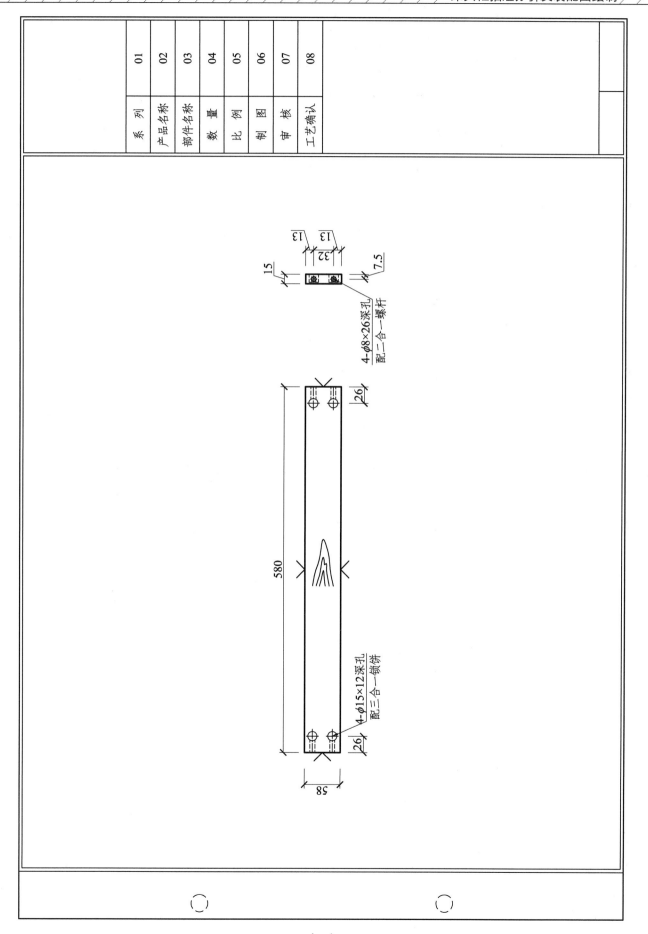

01	02	03	04	05	06	07	08
系列	产品名称	部件名称	数量	比例	制图	审核	工艺确认

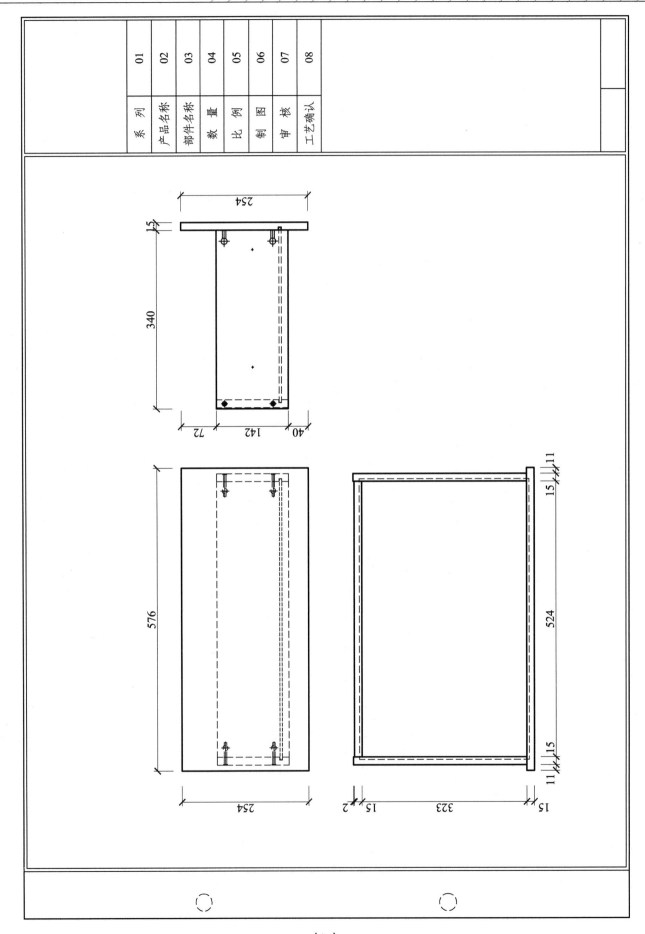

01	系　列		
02	产品名称		
03	部件名称		
04	数　量		
05	比　例		
06	制　图		
07	审　核		
08	工艺确认		

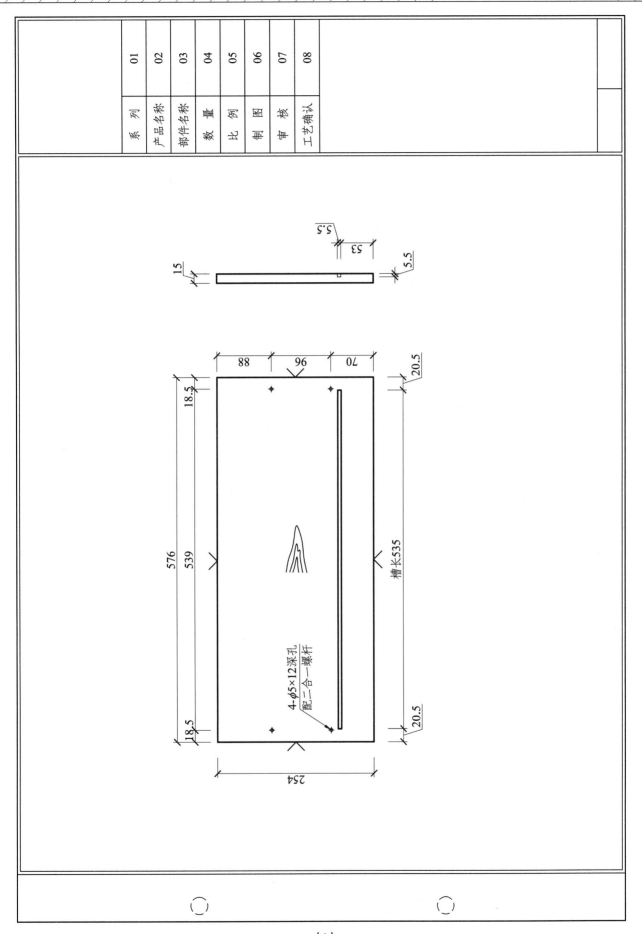

	01	系　列
	02	产品名称
	03	部件名称
	04	数　量
	05	比　例
	06	制　图
	07	审　核
	08	工艺确认

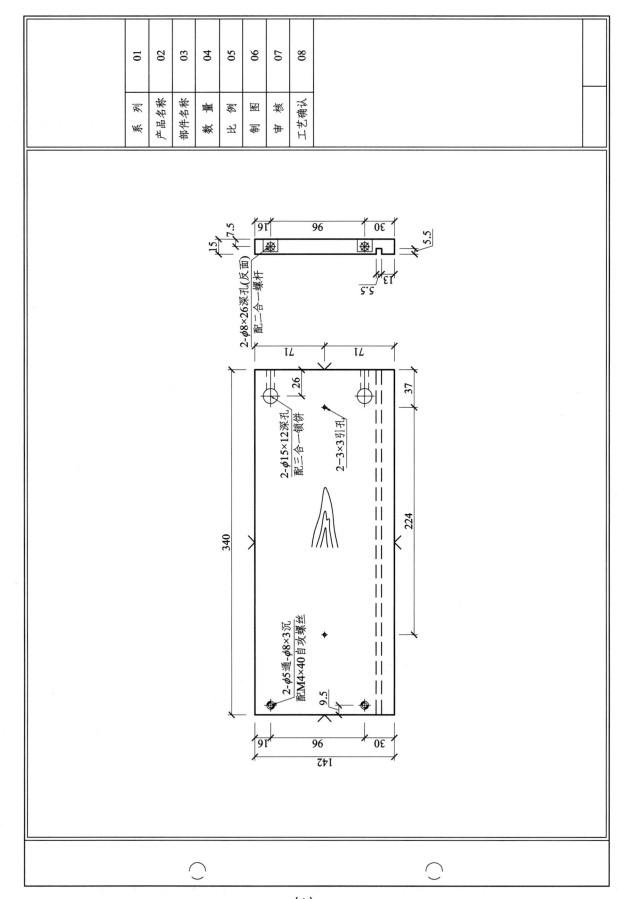

2-φ8×26深孔(反面)
配二合一螺杆

15　7.5　16　96　30　5.5

5.5　13

71　71

2-φ15×12深孔
配三合一锁饼

2-3×3引孔

26　37

340

224

2-φ5通-φ8×3沉
配M4×40自攻螺丝

9.5

16　96　30

142

01	02	03	04	05	06	07	08
系 列	产品名称	部件名称	数 量	比 例	制 图	审 核	工艺确认

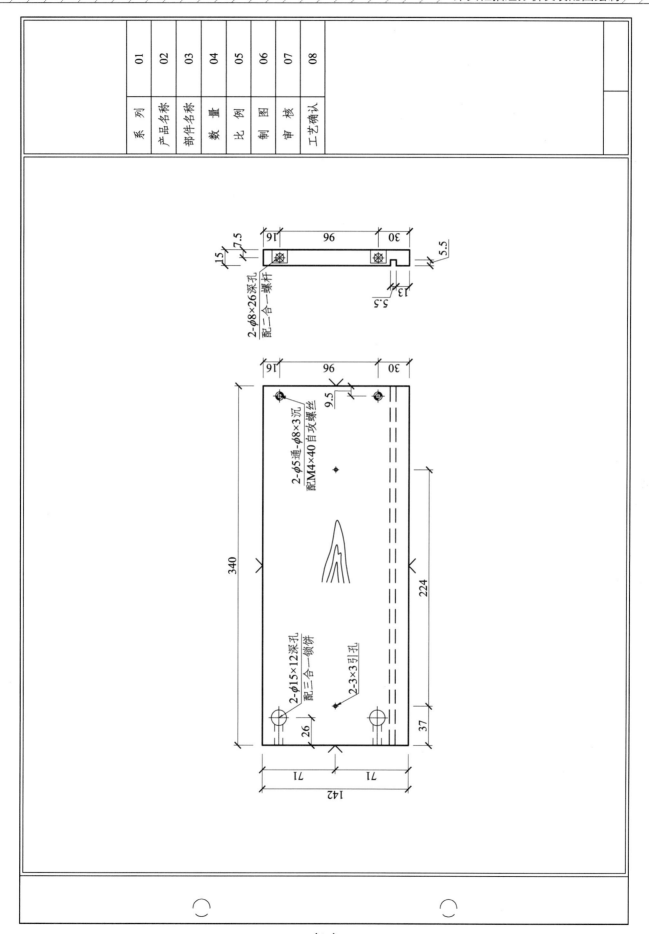

(k)

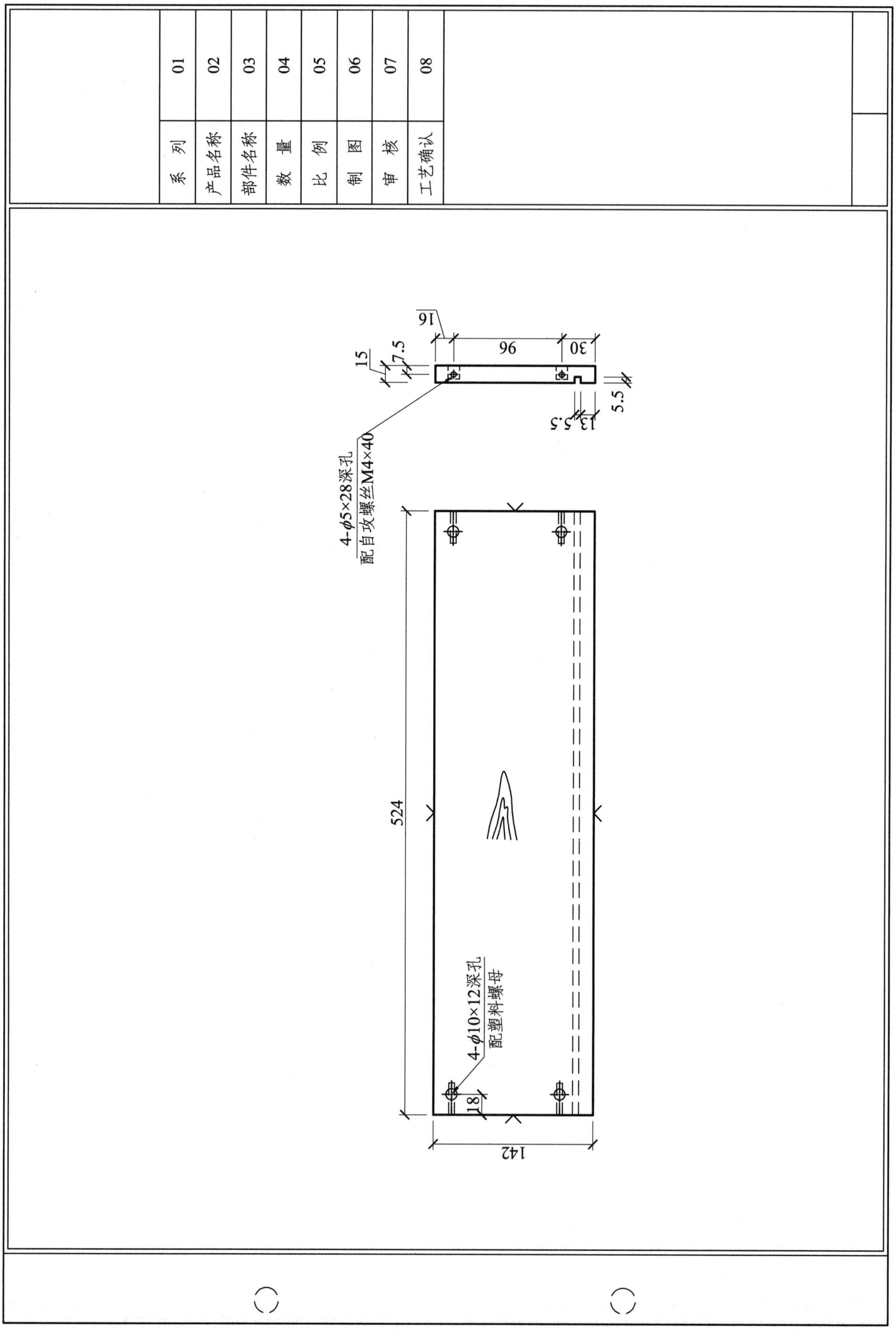

01	02	03	04	05	06	07	08
系　列	产品名称	部件名称	数　量	比　例	制　图	审　核	工艺确认

4-φ5×28深孔
配自攻螺丝M4×40

15
7.5
16
96
30
5.5
13.5

524

4-φ10×12深孔
配塑料螺母

18

142

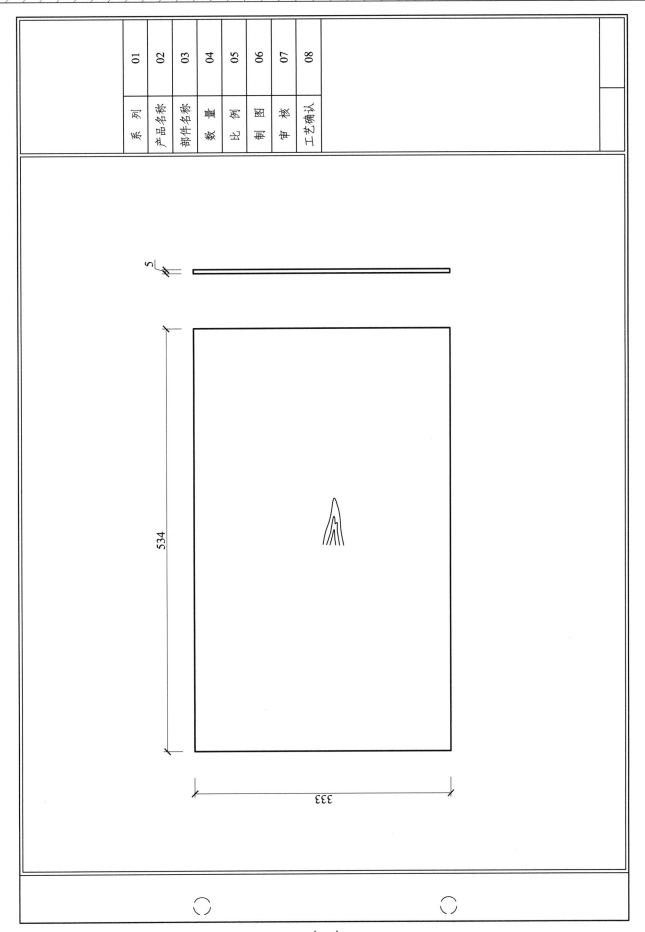

	系　列	01
	产品名称	02
	部件名称	03
	数　量	04
	比　例	05
	制　图	06
	审　核	07
	工艺确认	08

534

333

（ m ）

	01	02	03	04	05	06	07	08
	系 列	产品名称	部件名称	数 量	比 例	制 图	审 核	工艺确认

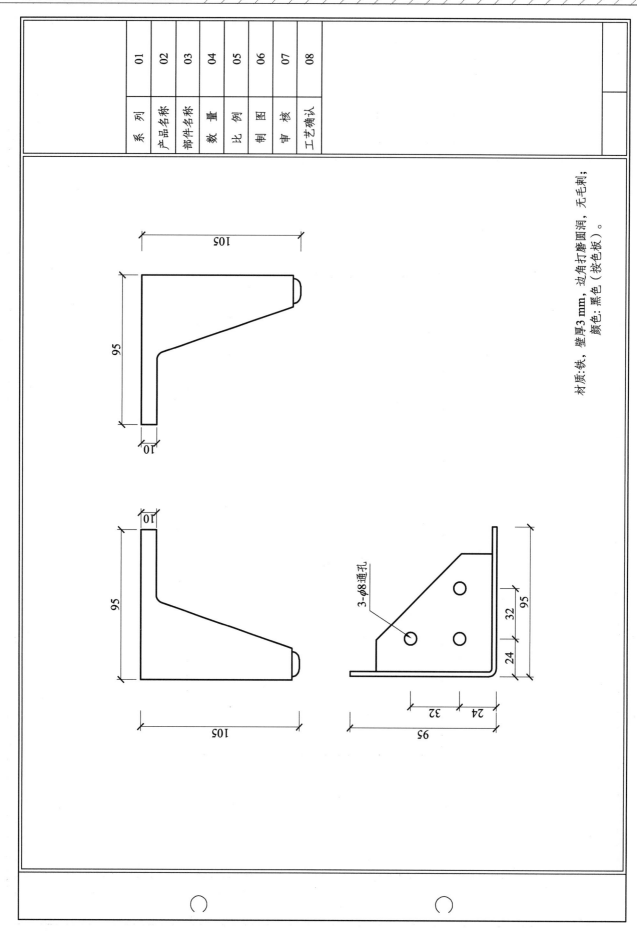

材质:铁、壁厚3 mm, 边角打磨圆润、无毛刺;
颜色:黑色 (按色板) 。

3-φ8通孔

	01	系　列
	02	产品名称
	03	部件名称
	04	数　量
	05	比　例
	06	制　图
	07	审　核
	08	工艺确认

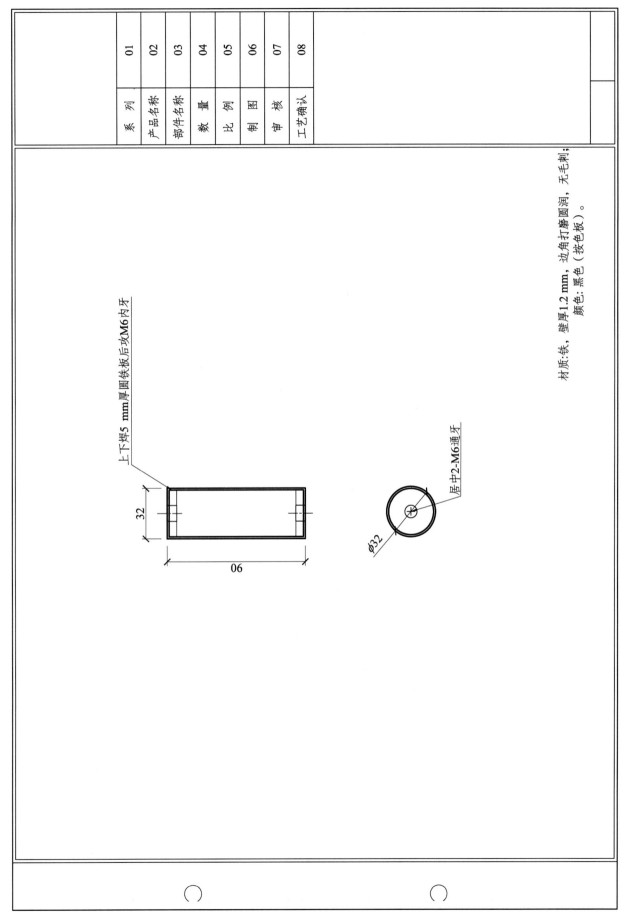

上下焊5 mm厚圆铁板后攻M6内牙

32

06

居中2-M6通牙

Ø32

材质:铁, 壁厚1.2 mm, 边角打磨圆润, 无毛刺;
颜色:黑色 (按色板)。

01	系　列
02	产品名称
03	部件名称
04	数　量
05	比　例
06	制　图
07	审　核
08	工艺确认

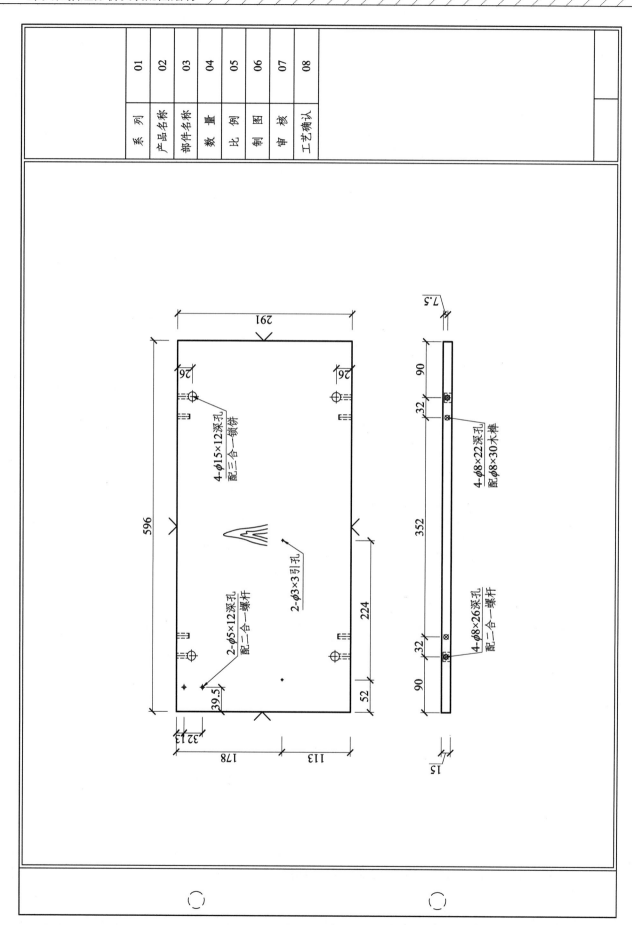

01	02	03	04	05	06	07	08
系 列	产品名称	部件名称	数 量	比 例	制 图	审 核	工艺确认

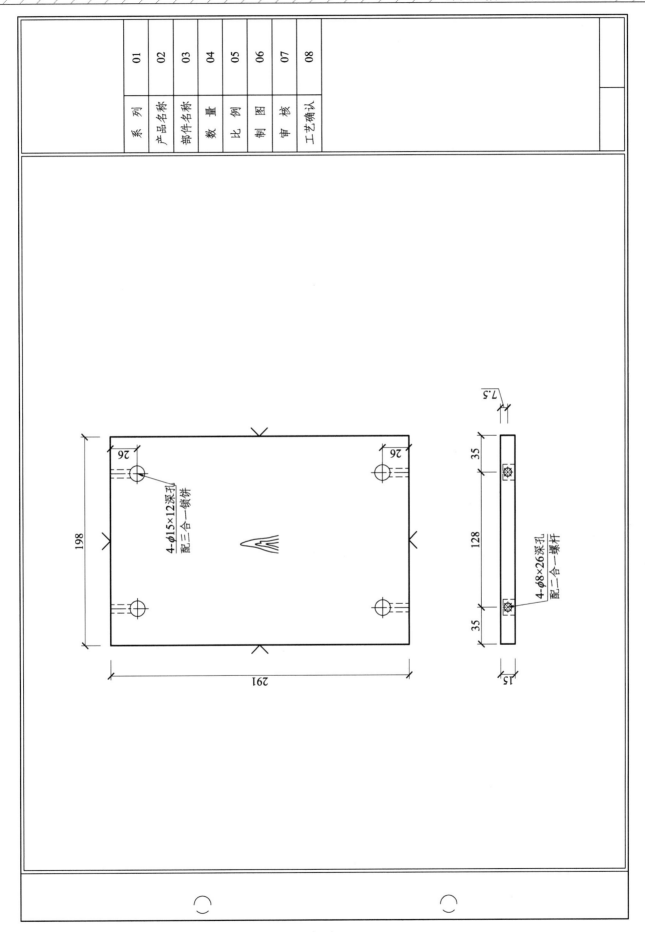

01	系 列	
02	产品名称	
03	部件名称	
04	数 量	
05	比 例	
06	制 图	
07	审 核	
08	工艺确认	

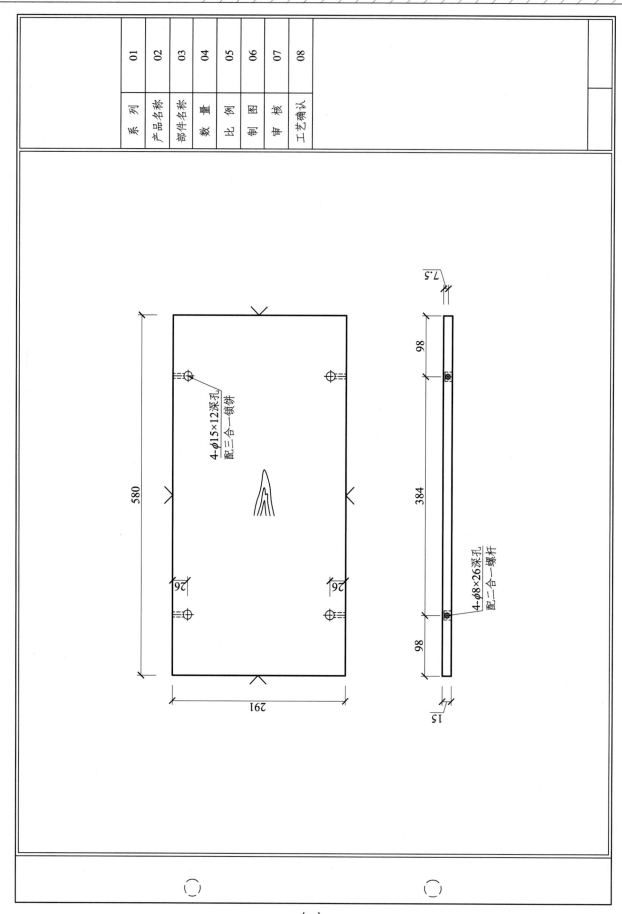

(r)

图 3-3 茶几工艺结构图

评价反馈见表3-1。

表 3-1　评价反馈

每位同学作品的点评和分析（30分钟）。

考核项目	考核要求	分值	个人评价	组内评价	教师评价
职业素养	（1）遵守实训室管理规定，不在教室吃东西	5			
	（2）着装整齐，不穿拖鞋，不迟到，不早退	5			
	（3）遵守学习纪律，不做与课堂无关的事情	5			
	（4）桌面整洁，准备充分，"8S"自我管理良好	5			
	（5）有团队协作的态度和能力	5			
	（6）文明礼貌，尊敬老师、同学	5			
工作认知	能正确理解工作任务、工作流程和方法	5			
工作要求	（1）能正确进行抽屉的拆装、安装以及测绘	10			
	（2）能正确绘图和标注	15			
	（3）能用合适的方法表达抽屉结构的装配关系	15			
	（4）图纸符合家具制图规范，图形标注美观合适	10			
	（5）有较强的结构分析能力和图形分析能力	5			
成果提交及展示	（1）积极沟通、积极发言，语言表达良好	5			
	（2）能按时、按量提交正确的成果	5			
总分		100			
小组评语及建议	他/她的优点： 他/她的不足： 给他/她的建议：	组长签名： 日期：			
老师评语与建议		评定等级或分数 _____ 教师签名： 日期：			

学习活动二

电视柜拆卸、测绘及零部件图绘制

学习目标

笔记栏

（1）熟练绘制三视图。

（2）熟悉电视柜的拆装、零部件组成及连接方式。

（3）在测绘和绘图过程中，掌握柜类家具的结构装配关系。

学习课时：6课时。

学习任务描述

　　深圳某家具公司以前开发了一款电视柜，由于价格较高，销售不太乐观，现在计划重新更改结构，降低成本。而该款产品是直接上线，没有绘制过装配图，为此设计总监安排绘图员按照实物先绘制装配图纸，用于结构讨论和修改。

学习准备

　　实训用具：电视柜实物、拆装工具、测量工具。

学习过程

　　一、电视柜的拆装、测绘及数据记录

　　任务规则：

　　（1）以小组为单位进行拆装、测绘、记录；

　　（2）组内每名学生都要掌握拆装的过程，了解各零配件的装配关系；

　　（3）以拆装方法正确、拆装速度快、小组配合协调、记录全面准确、阐述清晰为评判依据；

　　（4）操作场地：实训室一楼大厅，控制时间80分钟。

　　准备的材料：电视柜实物、安装用螺丝刀、安装说明书。

二、家具结构装配图绘制

任务规则：

（1）以小组为单位讨论，个人独立绘图；

（2）根据测绘记录，绘制电视柜三视图；

（3）进行装配图剖视方式的讨论，确定如何表达结构装配图，尤其是确定家具连接件的表达方法；

（4）在三视图上进行剖视、局部放大的方式绘制结构装配图。

评价：以剖视部位合适，结构表达清晰，剖视、放大图符号规范，图纸布局合理为评判依据。控制时间 140 分钟。

准备的材料：电视柜实物（见图 3-4）、绘图工具。

图 3-4　电视柜实物

三、成果点评、教师汇总讲解

（1）教师先对小组进行点评，评出优秀小组；

（2）教师对优秀作品和较差作品进行点评，指出优缺点；

（3）对图纸规范、电视柜结构等进行汇总讲解和答疑；

（4）进行评价打分；

（5）控制时间 20 分钟。

学习拓展

电视柜三视图如图 3-5 所示。

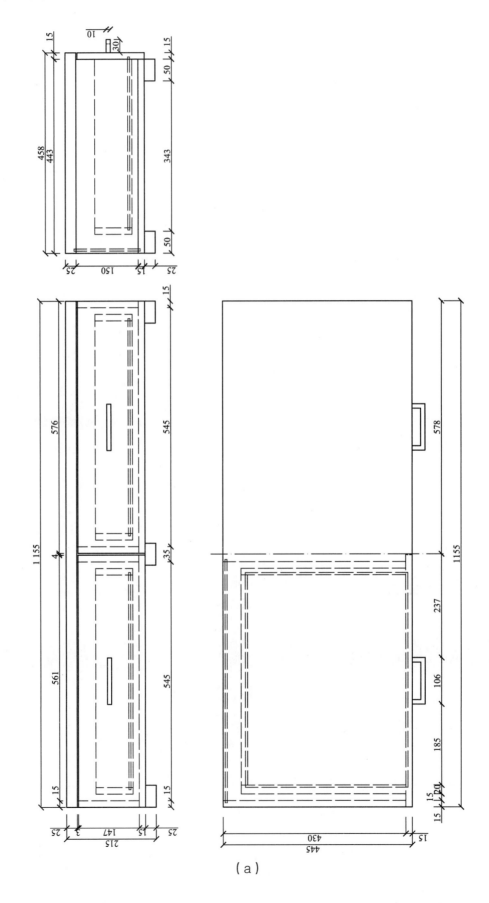

（a）

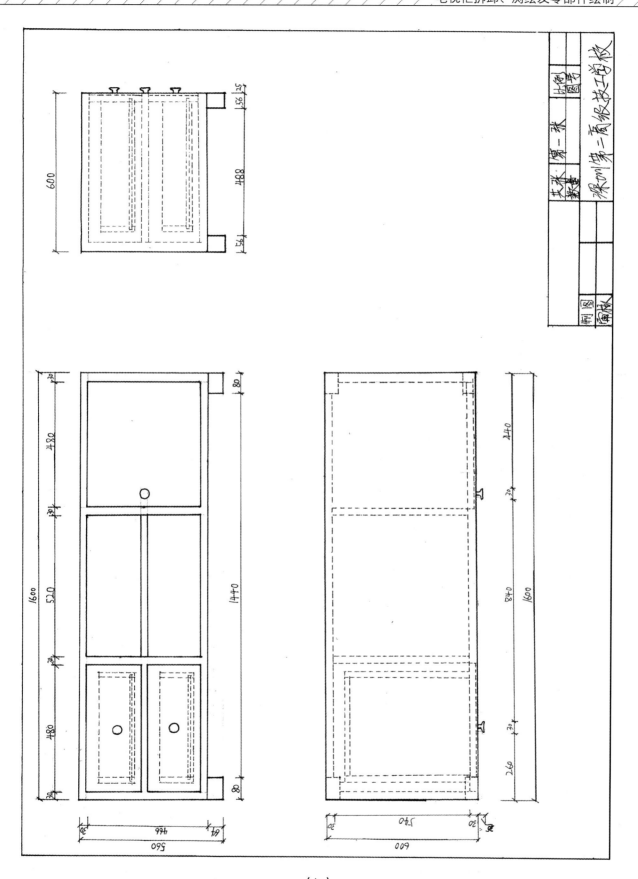

（b）

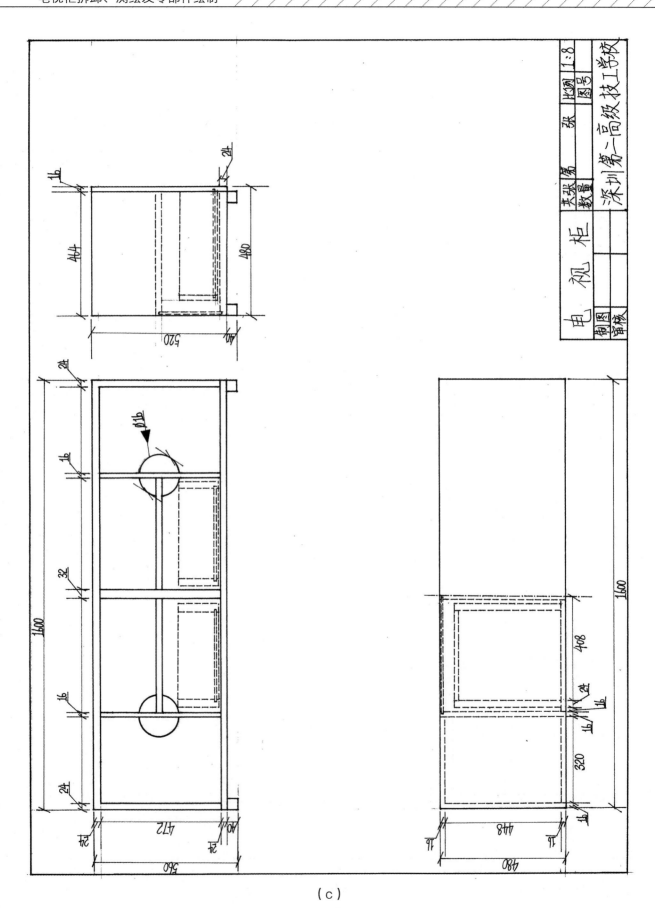

（c）

图 3-5　电视柜三视图

评价反馈见表3-2。

表 3-2　评价反馈

每位同学作品的点评和分析（30 分钟）。

考核项目	考核要求	分值	个人评价	组内评价	教师评价
职业素养	（1）遵守实训室管理规定，不在教室吃东西	5			
	（2）着装整齐，不穿拖鞋，不迟到，不早退	5			
	（3）遵守学习纪律，不做与课堂无关的事情	5			
	（4）桌面整洁，准备充分，"8S"自我管理良好	5			
	（5）有团队协作的态度和能力	5			
	（6）文明礼貌，尊敬老师、同学	5			
工作认知	能正确理解工作任务、工作流程与方法	5			
工作要求	（1）能正确运用剖视方法表达电视柜结构	15			
	（2）能利用三等规律完整绘制三视图	10			
	（3）图线符合制图规范	10			
	（4）绘图完整、标注符合标准	10			
	（5）图纸中各图形布局合理、美观	5			
	（6）有较强的连接结构分析能力	5			
成果提交及展示	（1）积极沟通、积极发言，语言表达良好	5			
	（2）能按时、按量提交正确的成果	5			
总分		100			
小组评语及建议	他 / 她的优点： 他 / 她的不足： 给他 / 她的建议：	组长签名： 日期：			
老师评语与建议		评定等级或分数 _____ 教师签名： 日期：			

学习活动三
橱柜拆卸、测绘及零部件图绘制

学习目标

笔记栏

（1）熟练绘制三视图。

（2）熟悉橱柜的拆装、零部件组成及连接方式。

（3）在测绘和绘图过程中，掌握柜类家具的结构装配关系。

学习课时：12课时。

学习任务描述

　　深圳某家具公司以前开发了一款橱柜，由于价格较高，销售不太乐观，现在计划重新更改结构，降低成本。因该款产品是直接上线，没有绘制过装配图，为此设计总监安排绘图员按照实物先绘制装配图纸，用于结构讨论和修改。

学习准备

　　实训用具：橱柜实物、拆装工具、测量工具。

学习过程

　　一、橱柜的拆装、测绘及数据记录

　　任务规则：

　　（1）以小组为单位进行拆装、测绘、记录；

　　（2）组内每名学生都要掌握拆装的过程，了解各零配件的装配关系；

　　（3）以拆装方法正确、拆装速度快、小组配合协调、记录全面准确、阐述清晰为评判依据；

　　（4）操作场地：实训室一楼大厅，控制时间80分钟。

　　准备的材料：橱柜实物、安装用螺丝刀、安装说明书。

二、家具结构装配图绘制

任务规则：

（1）以小组为单位讨论，个人独立绘图；

（2）根据测绘记录，绘制橱柜三视图；

（3）进行装配图剖视方式的讨论，确定如何表达结构装配图，尤其是确定家具连接件的表达方法；

（4）在三视图上进行剖视、局部放大的方式绘制结构装配图。

评价：以剖视部位合适，结构表达清晰，剖视、放大图符号规范，图纸布局合理为评判依据。控制时间140分钟。

准备的材料：橱柜实物（见图3-6）、绘图工具。

图 3-6   橱柜实物

三、成果点评、教师汇总讲解

（1）教师先对小组进行点评，评出优秀小组；

（2）教师对优秀作品和较差作品进行点评，指出优缺点；

（3）对图纸规范、橱柜结构等进行汇总讲解和答疑；

（4）进行评价打分；

（5）控制时间20分钟。

学习拓展

橱柜实物及三视图如图 3-7 所示。

（a）

（b）

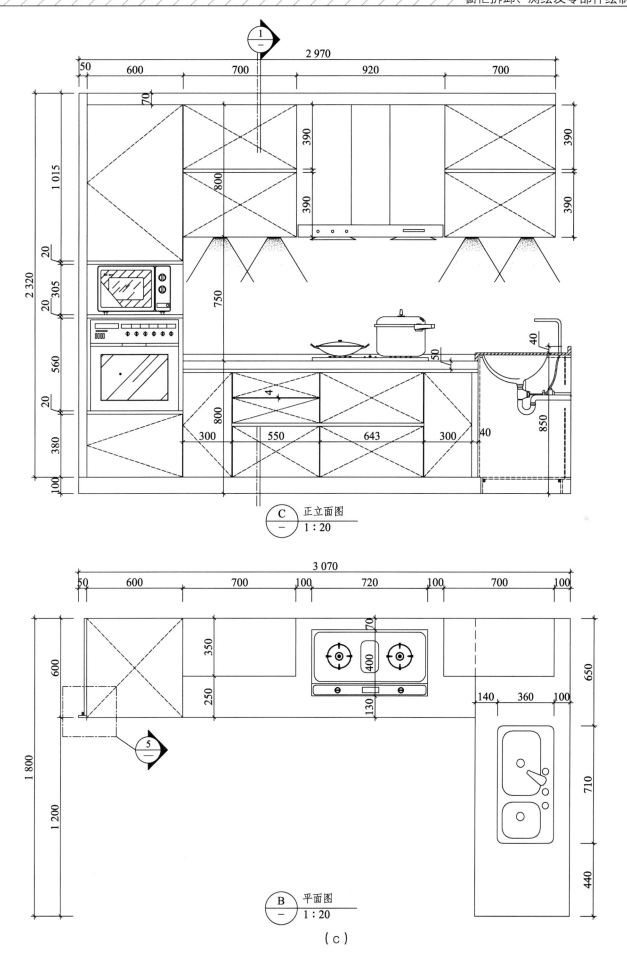

C　正立面图
　　1：20

B　平面图
　　1：20

（c）

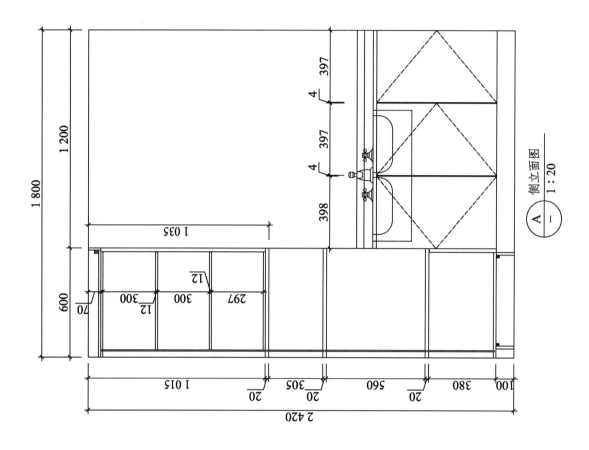

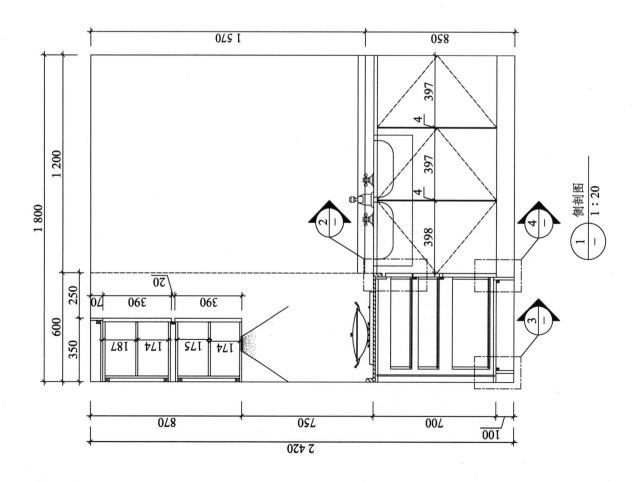

(d)

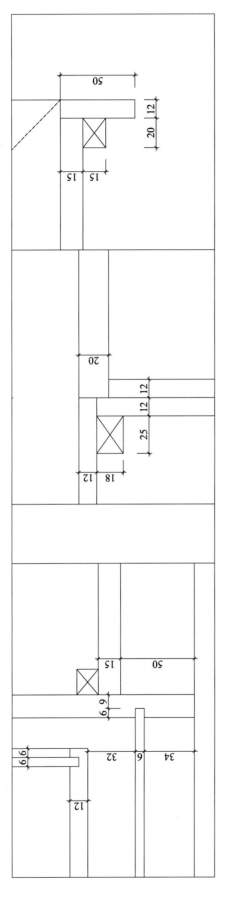

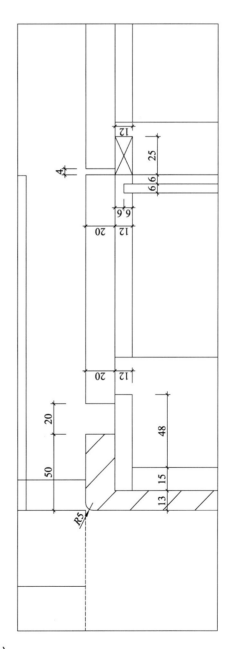

（e）

图 3-7　橱柜实物及三视图

评价反馈见表3-3。

表 3-3　评价反馈

每位同学作品的点评和分析（30分钟）。

考核项目	考核要求	分值	个人评价	组内评价	教师评价
职业素养	（1）遵守实训室管理规定，不在教室吃东西	5			
	（2）着装整齐，不穿拖鞋，不迟到，不早退	5			
	（3）遵守学习纪律，不做与课堂无关的事情	5			
	（4）桌面整洁，准备充分，"8S"自我管理良好	5			
	（5）有团队协作的态度和能力	5			
	（6）文明礼貌，尊敬老师、同学	5			
工作认知	能正确理解工作任务、工作流程与方法	5			
工作要求	（1）能正确运用剖视方法表达橄柜结构	15			
	（2）能利用三等规律完整绘制三视图	10			
	（3）图线符合制图规范	10			
	（4）绘图完整、标注符合标准	10			
	（5）图纸中各图形布局合理、美观	5			
	（6）有较强的连接结构分析能力	5			
成果提交及展示	（1）积极沟通、积极发言，语言表达良好	5			
	（2）能按时、按量提交正确的成果	5			
总分		100			
小组评语及建议	他/她的优点： 他/她的不足： 给他/她的建议：	组长签名： 日期：			
老师评语与建议		评定等级或分数 _____ 教师签名： 日期：			

任务四　椅凳类家具图纸绘制

学习活动一　凳类三视图抄绘
学习活动二　椅类装配图制图
学习活动三　椅凳家具图纸绘制考核与评价

4

PART

家具工程图绘制

MAKING THE ENGINEERING
DRAWINGS FOR FURNITURE

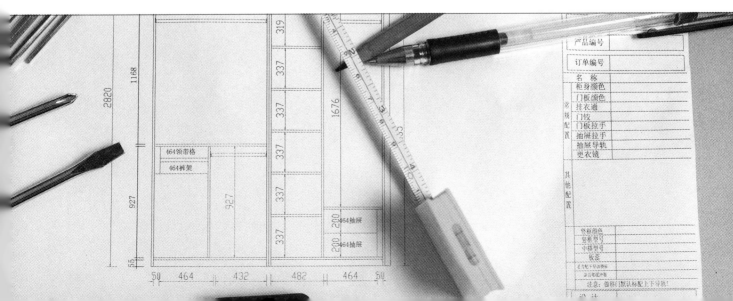

学习目标

(1) 熟知各类制图工具，并掌握主要制图工具的使用方法。

(2) 熟悉和掌握家具制图的国家标准和规范。

(3) 能分析和绘制椅凳类家具三视图。

(4) 能运用剖视方法绘制规范的家具结构装配图。

(5) 熟悉椅凳类家具的常见结构及连接表达方法。

建议课时

24 课时。

　　深圳某家具公司每年年底会进行一次家具新产品开发，升级替代部分老产品，以满足市场需要。当主案设计师的椅子设计方案评审获得通过后，需要绘图员进行工程图图纸的绘制。为了便于讨论和修改，设计总监安排绘图员用手绘制图完成该项任务。

学习活动一
凳类三视图抄绘

学习目标

（1）熟知各类制图工具，并掌握主要制图工具的使用方法。

（2）熟悉家具制图的国家标准和规范。

（3）能正确抄绘家具三视图，了解三视图的基本规律。

学习课时：8课时。

学习任务描述

　　深圳某家具公司的主案设计师，其椅子设计方案评审获得通过，为了便于讨论和修改，设计总监安排绘图员用手绘制图完成该项任务。为让新进厂的绘图员掌握手绘图纸规范，总监让他们先抄绘一份规范的三视图图纸。

引导问题

1. 绘制三视图应该注意哪些事项？

2. 绘制三视图一般有哪些常用比例？

📋 学习过程

一、凳子三视抄绘

任务规则：

（1）以个人为单位进行绘制，可以组内讨论；

（2）在 A3 纸上绘制带装订边图框、设计标题栏的规范图纸；

（3）查阅资料，确定合适的绘图比例，进行尺寸换算，抄绘椅子三视图；

（4）以图形正确、图线美观、绘制快速为优；

（5）要求使用图板和丁字尺配合制图，控制时间 240 分钟；

（6）以小组为单位，组长收齐上交，按照绘图质量和速度进行小组评优。

凳子实物及三视图如图 4-1、图 4-2 所示。

图 4-1　凳子实物

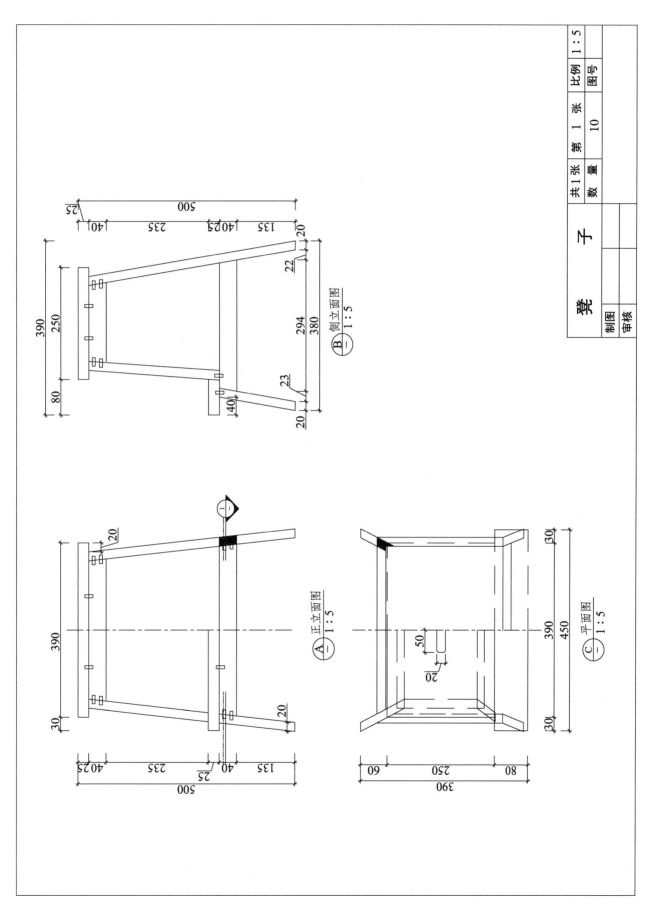

图 4-2　凳子三视图

评价反馈见表 4-1。

表 4-1 评价反馈

每位同学作品的点评和分析（30 分钟）。

考核项目	考核要求	分值	个人评价	组内评价	教师评价
职业素养	（1）遵守实训室管理规定	5			
	（2）着装整齐，不穿拖鞋，不迟到，不早退	5			
	（3）遵守学习纪律，不做与课堂无关的事情	5			
	（4）桌面整洁，准备充分，遵守"8S"管理规定	5			
	（5）展现积极的精神面貌，有团队协作的能力	5			
	（6）文明礼貌，尊敬老师、同学	5			
工作认知	能正确理解工作任务、工作流程与方法	5			
工作要求	（1）抄绘图纸内容完整、全面	15			
	（2）图线使用符合制图规范	10			
	（3）标注完整，符合规范	10			
	（4）字体美观，纸面整洁	10			
	（5）图框和标题栏绘制正确	5			
	（6）对三视图有正确认识	5			
成果提交及展示	（1）能按时、按量提交正确作品	5			
	（2）沟通充分，积极发言，语言表达清晰	5			
总分		100			
小组评语及建议	他／她的优点： 他／她的不足： 给他／她的建议：	组长签名： 日期：			
老师评语与建议		评定等级或分数 ———— 教师签名： 日期：			

学习活动二
椅类装配图制图

学习目标

（1）运用三视图的绘图方法绘制家具装配图。

（2）掌握家具制图尺寸标注和比例表达的标准规范。

（3）能运用产品测绘方法，初步掌握椅类家具的体量尺寸及零部件组成。

学习课时：8课时。

学习任务描述

深圳某家具公司每年要进行产品的开发，为了更快更好地研发产品，公司从市场上购置了一批畅销产品进行分析借鉴，为此设计总监安排绘图员，首先按照家具实物用手绘的方式完成装配图的绘制，用于研究讨论。

学习准备

实训用具：小方几实物、拆装工具、A3纸、绘图工具。

引导问题

产品为何要绘制结构装配图？结构装配图有哪些组成要素？

📋 学习过程

（1）图框绘制：利用A2图板、丁字尺、胶带完成图纸的粘贴，查询图框标准，在白纸上绘制带装订边的图框，归纳图纸粘贴技巧，以及铅笔型号的选择。

任务要求：小组内讨论，独立完成任务，小组推选一名同学进行成果展示，并阐述完成该活动的体会和图框国家标准（20分钟）。

（2）三视图抄绘：在已经绘制好图框的图纸上，利用绘图工具抄绘椅子的三视图。注意与原图保持一致、图纸干净整洁、图形信息完整。

任务要求：小组讨论，独立完成任务，小组推选一名同学进行成果展示，阐述完成该活动的体会和建议，并说明椅子三个视图的关联性（50分钟）。

（3）尺寸标注：在已经绘制好图框的图纸上，利用绘图工具抄绘椅子的尺寸。注意与原图保持一致、尺寸标注规范、图形信息完整。

任务要求：小组讨论，独立完成任务，小组推选一名同学进行成果展示，并初步阐述尺寸标注的规范要求（40分钟）。

（4）绘制标题栏、检查、图纸加深：在抄绘尺寸标注后，把标题栏补充完整，然后检查整改三视图并加深线条。

任务要求：小组讨论，独立完成任务，小组推选一名同学进行成果展示，并阐述加深线条的技巧和感受（80分钟）。

（5）教师点评，对每位同学的作品进行点评，指出优缺点。同时用PPT的形式总结家具制图的一般性标准（40分钟）。

椅子立体图及三视图如图 4-3 所示。

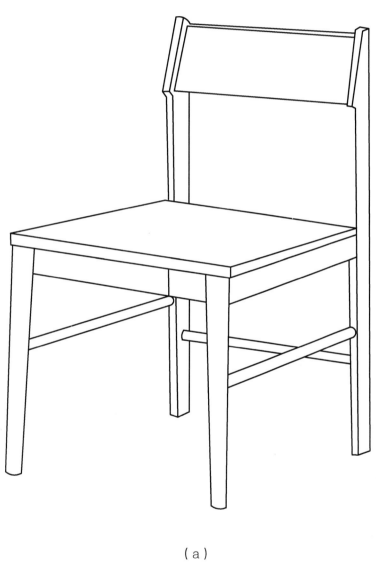

（a）

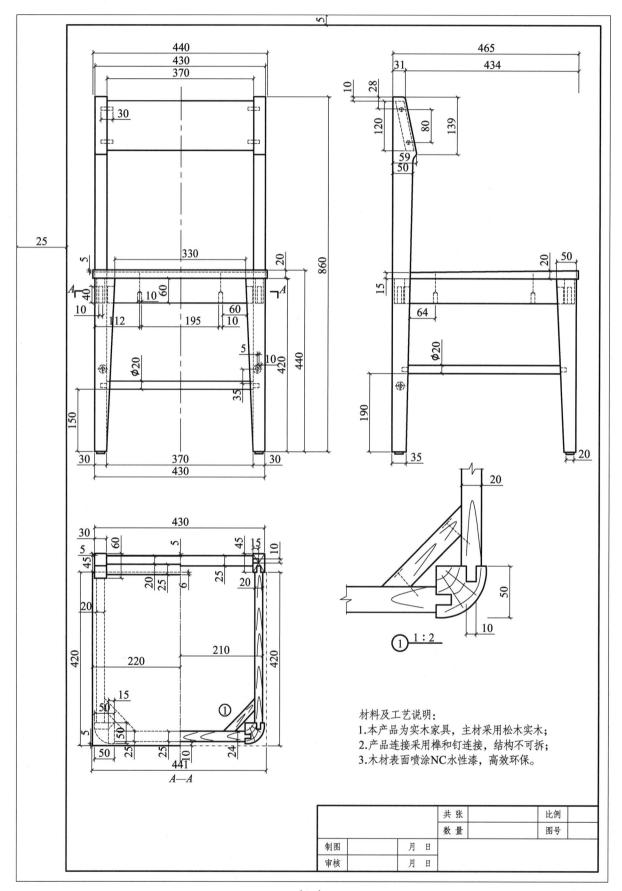

材料及工艺说明:
1.本产品为实木家具,主材采用松木实木;
2.产品连接采用榫和钉连接,结构不可拆;
3.木材表面喷涂NC水性漆,高效环保。

共 张			比例	
数 量			图号	
制图		月　日		
审核		月　日		

（b）

图 4-3　椅子立体图及三视图

评价反馈见表 4-2。

表 4-2　评价反馈

每位同学作品的点评和分析（40分钟）。

考核项目	考核要求	分值	个人评价	组内评价	教师评价
职业素养	（1）遵守实训室管理规定，不在教室吃东西	5			
	（2）着装整齐，不穿拖鞋，不迟到，不早退	5			
	（3）遵守学习纪律，不做与课堂无关的事情	5			
	（4）桌面整洁，准备充分，"8S"自我管理良好	5			
	（5）有团队协作的态度和能力	5			
	（6）文明礼貌，尊敬老师、同学	5			
工作认知	能正确理解工作任务、工作流程与方法	5			
工作要求	（1）能理解和掌握剖视图原理，并表达正确	10			
	（2）能正确利用三等规律绘制三视图	15			
	（3）图线使用、标注、图框标题栏符合制图规范	10			
	（4）家具结构表达合适，放大图选择合理	5			
	（5）图纸图形完整整洁，纸面干净	5			
	（6）图纸中各图形布局合理、美观	5			
	（7）有较强的连接结构分析能力	5			
成果提交及展示	（1）积极沟通、积极发言，语言表达良好	5			
	（2）能按时、按量提交正确的成果	5			
总分		100			
小组评语及建议	他/她的优点： 他/她的不足： 给他/她的建议：	组长签名： 日期：			
老师评语与建议		评定等级或分数 ———— 教师签名： 日期：			

学习活动三
椅凳类家具图纸绘制考核与评价

学习目标

（1）检测学生椅凳类家具测绘的方法和步骤。

（2）通过独立绘图，检测学生绘制三视图的能力。

（3）通过独立绘图，检测学生绘制结构装配图的能力。

学习课时：8课时。

评价考核见表4-3。

学习任务描述

深圳某家具公司每年要进行产品的开发，从市场上购置一个畅销的椅子后，需要进行装配图纸的绘制，以便进行下一步的工艺结构研发。设计总监要求绘图员根据家具样品手绘家具的结构装配图。

表4-3　评价考核

每位同学作品的点评和分析（20分钟）。

考核项目	考核要求	分值	个人评价	组内评价	教师评价
职业素养	（1）遵守实训室管理规定，不在教室吃东西	5			
	（2）着装整齐，不穿拖鞋，不迟到，不早退	5			
	（3）遵守学习纪律，不做与课堂无关的事情	5			
	（4）桌面整洁，准备充分，"8S"自我管理良好	5			
	（5）文明礼貌，尊敬老师、同学	5			
工作认知	能正确理解工作任务、工作流程与方法	5			
工作要求	（1）能理解掌握剖视图原理，并表达正确	10			
	（2）能正确利用三等规律绘制三视图	10			
	（3）图线使用、标注、图框标题栏符合制图规范	10			
	（4）家具结构表达合适，放大图选择合理	15			
	（5）图纸图形完整整洁，纸面干净	5			
	（6）图纸中各图形布局合理、美观	5			
	（7）有较强的连接结构分析能力	10			
成果提交及展示	能按时、按量提交正确的成果	5			
总分		100			
老师评语与建议		评定等级或分数————教师签名：日期：			

任务五　板式家具图纸绘制

PART

家具工程图绘制

MAKING THE ENGINEERING
DRAWINGS FOR FURNITURE

学习目标

（1）熟知 AutoCAD 绘图软件，并掌握 AutoCAD 绘图编辑命令的使用方法。

（2）掌握家具制图的国家标准和规范。

（3）能分析和绘制板式家具三视图。

（4）能运用 AutoCAD 软件绘制规范的家具结构装配图。

（5）熟悉柜类家具的常见结构及连接方法。

建议课时

54 课时。

　　深圳某家具公司以前的老产品图纸由于年代久远，没有电子版文件，只有纸质版图纸。现研发部开发产品需要对老产品图纸以电子文件进行存档归类，以便以后的修改和升级。设计总监安排绘图员用 AutoCAD 软件完成该项任务。

学习活动一
AutoCAD 软件的初步认知与了解

学习目标

（1）熟悉 AutoCAD 软件的基本使用方法。

（2）通过抄绘，熟悉家具零部件图的企业图纸标准。

（3）使用 AutoCAD 绘图命令绘制部件三视图。

学习课时：24 课时。

学习任务描述

　　深圳某家具公司的主案设计师，其茶几设计方案评审获得通过，为了便于后续的生产和打样，需要把产品图纸分解成零部件图。为让新进厂的绘图员了解企业图纸规范、熟悉 AutoCAD 绘图软件，设计总监让新员工用 AutoCAD 软件抄绘一份规范的企业图纸。

学习准备

实训用具：计算机、绘图工具。

引导问题

1. 用计算机软件绘图与手工制图有什么区别与联系？

2. 在何种情况下用手绘，在什么种情况下用计算机绘图？

3. 在家具企业中，哪些人员用手绘多，哪些人员用机绘多？

笔记栏

📋 学习过程

一、AutoCAD 软件的熟悉与基本绘图命令

（一）绘图坐标与练习

任务规则：

（1）以小组为单位，练习打开 AutoCAD 软件，新建文件，保存文件，选择版本；

（2）学习老师下发的 AutoCAD 学习文件，熟悉 AutoCAD 软件的功能布局；

（3）独立思考并完成图形题目，组内可以讨论；

（4）每小组派一名同学到教师机前演示讲解，方法不同的小组可以重复上台演示。

绝对坐标：一个点相对于世界坐标系原点的坐标值，如图 5-1 所示。

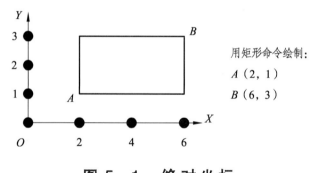

用矩形命令绘制：

A（2，1）

B（6，3）

图 5-1 绝 对 坐 标

相对坐标：相对于前一点的坐标，即相对于前一点在 X 方向及 Y 方向的位移。其表示方式是在绝对坐标的前面加符号"@"，写为（ @x，y），如图 5-2 所示。

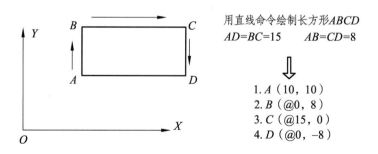

用直线命令绘制长方形 $ABCD$
$AD=BC=15$　　　$AB=CD=8$

⇩

1. A（10，10）
2. B（@0，8）
3. C（@15，0）
4. D（@0，-8）

图 5-2 相 对 坐 标

相对极坐标：相对于前一点的坐标，由相对于前一点的距离 L 和两点的连线与 X 轴的夹角 φ 确定。其表示方式是在绝对极坐标的前面加符号"@"，写为（@$L<\varphi$），如图 5-3 所示。

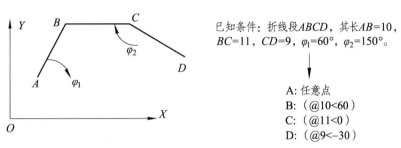

已知条件：折线段 $ABCD$，其长 $AB=10$，$BC=11$，$CD=9$，$\varphi_1=60°$，$\varphi_2=150°$。

A：任意点
B：（@10<60）
C：（@11<0）
D：（@9<-30）

图 5-3　相对极坐标

二维直角坐标与极坐标的对比举例（见图 5-4）：

在 AutoCAD 中，在命令行中输入数字及标点符号时，应在英文方式下进行。坐标中 X 和 Y 之间必须以逗号分隔，标点必须为英文标点。

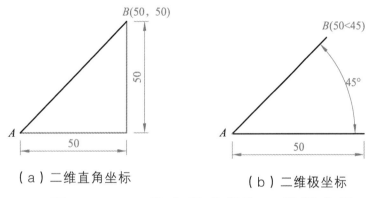

（a）二维直角坐标　　　　　　（b）二维极坐标

图 5-4　二维直角坐标和二维极坐标

提示：相对坐标是相对上一点而不是相对坐标系原点的坐标，故在绘图中经常使用。

【习题 5-1】根据输入点的相对直角坐标、相对极坐标绘制图形，如图 5-5 所示。

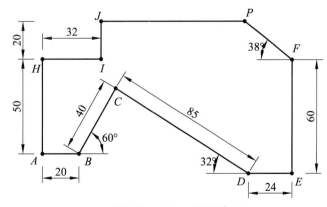

图 5-5　图形 1

【习题 5-2】打开正交模式绘制图 5-6。　　【习题 5-3】绘制椭圆、圆弧，如图 5-7 所示。

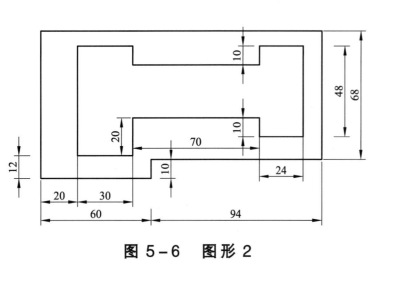

图 5-6　图形 2

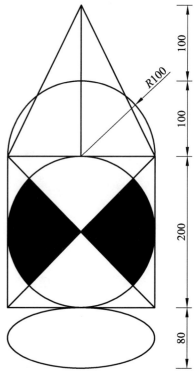

图 5-7　图形 3

评价：以绘图命令合适、绘图方法正确、绘图效率高、阐述清晰为评判依据。控制时间 80 分钟。

（二）教师点评与讲解

（1）教师点评每组的作品和绘制过程；

（2）教师对 AutoCAD 软件的基本原理与绘图要求进行阐述；

（3）演示例题以及基本图形的绘制。

（三）基本绘图练习

任务规则：

（1）根据教师下发的图形文件，独立思考绘图方法；

（2）用 AutoCAD 绘图软件完成文件，不用标注；

（3）控制时间 15 分钟，绘制完成直接提交。

二、AutoCAD 绘图拓展训练

任务规则：

（1）以小组为单位，对于较容易的图形，独立完成，对于较难的图形，组内可以讨论；

（2）每小组可选择其中一题，派一名同学到教师机前演示绘图过程；

（3）以作图速度最快、方法最好为评判依据，控制时间 120 分钟。

1. 辅助绘图工具练习

【习题 5-4】利用直线和曲线等命令绘制图 5-8 所示的图形。

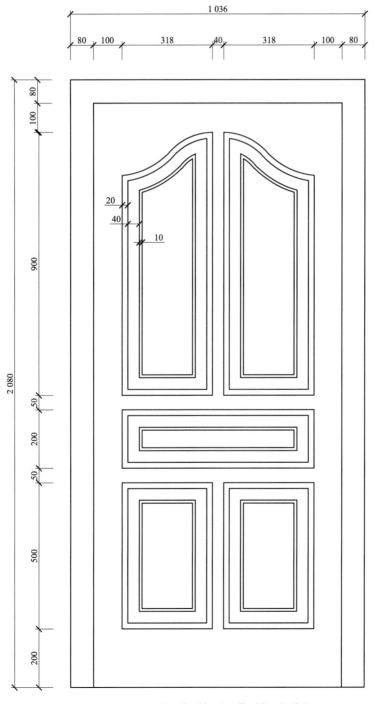

图 5-8　用直线和曲线绘制

2. 实体绘图命令练习

【习题5-5】利用Circle（圆）和Ellipse（椭圆）等命令绘制图5-9所示的图形。

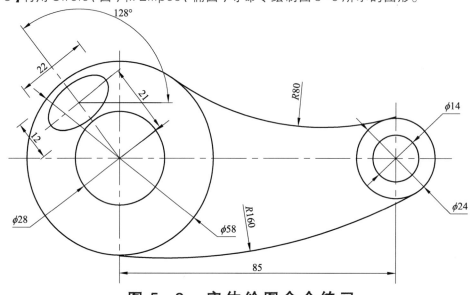

图 5-9　实体绘图命令练习

3. 拓展练习（见图5-10）

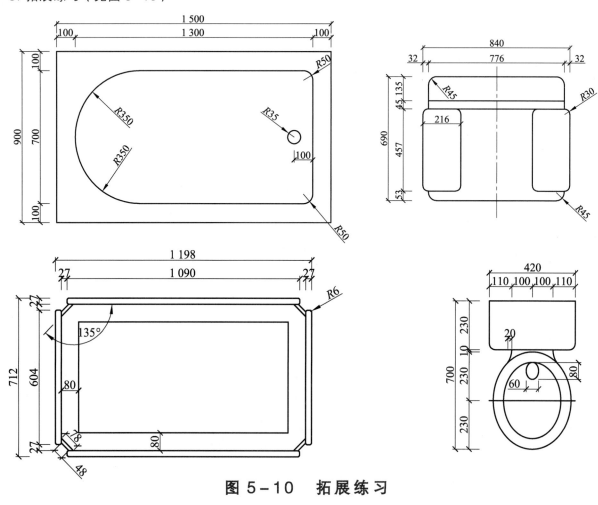

图 5-10　拓展练习

评价：以绘图命令合适、绘图姿势正确、绘图效率高、阐述清晰为评判依据。控制时间 200 分钟。

三、成果点评、教师汇总讲解

（1）教师先对小组进行点评，评出优秀小组；

（2）教师对每位同学制作的零部件图进行点评，指出优缺点；

（3）对 AutoCAD 软件进行汇总讲解和答疑；

（4）进行评价打分；

（5）控制时间 40 分钟。

评价反馈见表 5-1。

表 5-1　评价反馈

每位同学作品的点评和分析（30 分钟）。

考核项目	考核要求	分值	个人评价	组内评价	教师评价
职业素养	(1) 遵守实训室管理规定	5			
	(1) 着装整齐，不穿拖鞋，不迟到，不早退	5			
	(3) 遵守学习纪律，不做与课堂无关的事情	5			
	(4) 桌面整洁，准备充分，遵守"8S"管理规定	5			
	(5) 展现积极的精神面貌，有团队协作的能力	5			
	(6) 文明礼貌，尊敬老师、同学	5			
工作认知	能正确理解工作任务、工作流程与方法	5			
工作要求	(1) 抄绘图纸内容完整、全面	15			
	(2) AutoCAD 软件使用方法正确，熟悉软件基本使用方法	10			
	(3) 熟悉软件命令，绘图方法合适，绘图效率高	10			
	(4) 线条使用正确，文字大小合适，图形美观	10			
	(5) 能正确理解图形，有较强的图形分析能力	10			
成果提交及展示	(1) 能按时、按量提交正确作品	5			
	(2) 沟通充分，积极发言，语言表达清晰	5			
总分		100			
小组评语及建议	他 / 她的优点： 他 / 她的不足： 给他 / 她的建议：	组长签名： 日期：			
老师评语与建议		评定等级或分数 —————— 教师签名： 日期：			

学习活动二
板式衣柜三视图机绘

学习目标

（1）能运用三视图的绘图方法绘制衣柜三视图。

（2）掌握 AutoCAD 软件绘图命令和编辑命令绘制衣柜图纸的初步能力。

（3）在测量产品和绘图过程中，初步掌握衣柜的体量尺寸及零部件组成。

学习课时：6课时。

学习任务描述

深圳某家具公司每年要进行产品的开发，为了更快更好地研发产品，公司从市场上购置了一批衣柜产品进行分析借鉴，为此设计总监安排绘图员用 AutoCAD 软件按照家具实物完成三视图的绘制，用于研究讨论和产品修改。

学习准备

实训用具：衣柜实物、测量工具、A4 纸、计算机、绘图工具。

引导问题

1. 家具结构装配图的作用有哪些？

2. 如何表达好家具结构装配图？

📋 学习过程

一、衣柜拆装及结构记录

任务规则：以小组为单位进行测绘、记录（见图5-11），测量时注意用卷尺和游标卡尺配合进行，详细记录产品的各零部件用材、尺寸、连接紧固方式、材料表面装饰工艺等信息，为下一步绘图做准备，控制时间40分钟。

二、图形的绘制

任务规则：

（1）以小组为单位进行绘制，但需确保组员都能独立完成任务；

（2）根据教师下发的图形，独立思考，组内讨论，确定绘图方法；

（3）用AutoCAD软件完成下发的任务，并以个人形式提交成果（组名－姓名－日期）；

（4）每小组选派一名代表上台进行绘图演示；

（5）控制时间120分钟。

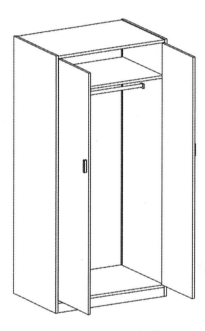

图 5-11　衣柜

三、装配图图纸尺寸标注

任务规则：

（1）以小组为单位进行，组员独立绘图；

（2）根据教师下发的AutoCAD尺寸标注学习材料，学习标注方法；

（3）对家具结构装配图进行尺寸标注，需为标注建立独立的图层；

（4）检查编辑标注样式，以符合制图标准、大小适合、布局美观为佳；

（5）控制时间40分钟。

四、成果点评、教师汇总讲解

（1）教师先对小组进行点评，评出优秀小组；

（2）教师对每位同学作品进行点评，指出优缺点；

（3）对图层设置和绘图比例进行汇总讲解；

（4）进行评价打分；

（5）控制时间 40 分钟。

小提示：

　　用 AutoCAD 绘制三视图时，根据三视图三等规律，用正交绘图以及对象捕捉等辅助工具，能明显提高绘图效率。

　　在绘制复杂图纸时，为了便于管理和打印，可分图层进行设置。

AutoCAD 图层设置与管理

绘图分层目的：

（1）便于管理，协同作业。

（2）分类识别和增加美感。

绘图分层方案：

（1）按图形的功能分层，如轴线、三视图、标注、文字等。

（2）按打印的线宽线型分层，粗线细线分开，实线虚线分开。

（3）按显示的速度分层，文字、填充等复杂形体单独分层，其冻结后会加快显示速度。

图层分色目的：

（1）绘图时清晰明确。

（2）为将来打印出图区分线宽。

图层分色方案：

（1）优先使用标准色。

（2）根据打印线宽用色，主要线用明度高的颜色（白、黄、青），次

要线用明度低的颜色（红色和深蓝）。

（3）体现物体性质：水面用蓝色、草地植物用绿色。

（4）每次使用的颜色尽量统一和标准。

图层相关操作：

（1）点击层设置按钮（LA），如图 5-12 所示。

（2）新建图层（直接回车）：命名。

（3）删除图层：当前层、0层、定义点层、有外部参照的图层不能删除。

图 5-12　图层

评价反馈见表5-2。

表 5-2　评价反馈

每位同学作品的点评和分析（30分钟）。

考核项目	考核要求	分值	个人评价	组内评价	教师评价
职业素养	（1）遵守实训室管理规定，不在教室吃东西	5			
	（2）着装整齐，不穿拖鞋，不迟到，不早退	5			
	（3）遵守学习纪律，不做与课堂无关的事情	5			
	（4）桌面整洁，准备充分，"8S"自我管理良好	5			
	（5）有团队协作的态度和能力	5			
	（6）文明礼貌，尊敬老师、同学	5			
工作认知	能正确理解工作任务、工作流程和方法	5			
工作要求	（1）掌握结构装配图知识，绘制正确的装配图	10			
	（2）熟悉 AutoCAD 绘图编辑命令并能正确绘图	15			
	（3）熟悉 AutoCAD 尺寸标注方法，标注正确	15			
	（4）图纸符合家具制图规范，图形标注美观合适	10			
	（5）有较强的结构分析能力和图形分析能力	5			
成果提交及展示	（1）积极沟通、积极发言，语言表达良好	5			
	（2）能按时、按量提交正确的成果	5			
总分		100			
小组评语及建议	他/她的优点： 他/她的不足： 给他/她的建议：	组长签名： 日期：			
老师评语与建议		评定等级或分数 —————— 教师签名： 日期：			

学习活动三
板式电脑桌三视图机绘

学习目标

（1）能运用三视图的绘图方法绘制电脑桌三视图。

（2）掌握 AutoCAD 软件绘图命令和编辑命令绘制电脑桌图纸的初步能力。

（3）在测量产品和绘图过程中，初步掌握电脑桌的体量尺寸及零部件组成。

学习课时：6 课时。

学习任务描述

深圳某家具公司每年要进行产品的开发，为了更快更好地研发产品，公司从市场上购置了一批电脑桌产品进行分析借鉴，为此设计总监安排绘图员用 AutoCAD 软件按照家具实物完成三视图的绘制，用于研究讨论和产品修改。

学习准备

实训用具：电脑桌实物、测量工具、A4 纸、计算机、绘图工具。

学习过程

一、图形的绘制

任务规则：

（1）以小组为单位进行绘制，但需确保组员都能独立完成任务；

（2）根据教师下发的图形，独立思考，组内讨论，确定绘图方法；

（3）用 AutoCAD 软件完成下发的任务，并以个人形式提交成果（组名 – 姓名 – 日期）；

（4）每小组选派一名代表上台进行绘图演示；

（5）控制时间 200 分钟。

笔记栏

二、成果点评、教师汇总讲解

（1）教师先对小组进行点评，评出优秀小组；

（2）教师对每位同学作品进行点评，指出优缺点；

（3）对图层设置和绘图比例进行汇总讲解；

（4）进行评价打分；

（5）控制时间 40 分钟。

电脑桌立体图及三视图如图 5-13 所示。

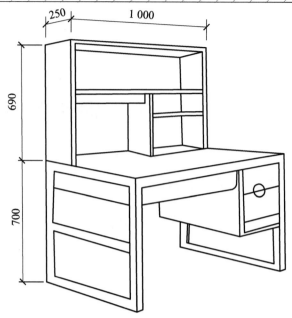

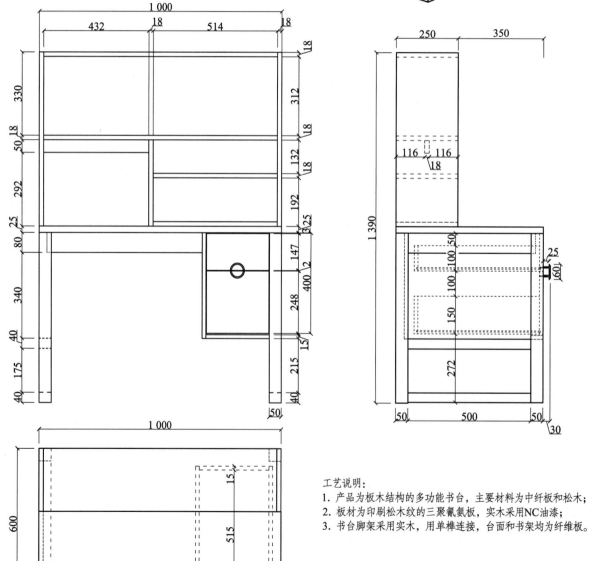

工艺说明：
1. 产品为板木结构的多功能书台，主要材料为中纤板和松木；
2. 板材为印刷松木纹的三聚氰胺板，实木采用NC油漆；
3. 书台脚架采用实木，用单榫连接，台面和书架均为纤维板。

图 5-13 电脑桌立体图及三视图

AutoCAD 常用快捷键

AutoCAD 常用快捷键见表 5-3。

表 5-3　AutoCAD 常用快捷键

序号	图标	命令	快捷键	命令说明	序号	图标	命令	快捷键	命令说明
1		LINE	L	画线	39		DIMLINEAR	DLI	两点标注
2		XLINE	XL	参照线	40		DICONTINLE	DCO	连续标注
3		MLINE	ML	双线	41		DIMBASELINE	DBA	基线标注
4		PLINE	PL	多义线	42		DIMALIGNED	DAL	斜点标注
5		POLYGON	POL	多边形	43		DIMRADIUS	DRA	半径标注
6		RTECTANG	REC	绘制矩形	44		DIMDIAMETER	DDI	直径标注
7		ARC	A	画弧	45		DIMANGULAR	DAN	角度标注
8		CIRCLE	C	画圆	46		TOLERANCE	TOL	公差
9		SPLINE	SPL	曲线	47		DIMCENTER	DCE	圆心标注
10		ELLIPSE	EL	椭圆	48		QLEADER	LE	引线标注
11		INSERT	I	插入图块	49		QDIM		快速标注
12		BLOCK	B	定义图块	50		DIMTEDIT		
13		POINT	PO	画点	51		DIMEDIT		
14		HATCH	H	填充实体	52		DIMTEDIT		标注编辑
15		REGION	REG	面域	53		DIMSTYLE		
16		MTEXT	MT,-T	多行文本	54		DIMSTYLE	D	标注设置
17		ERASE	E	删除实体	55		HATCHEDIT	HE	编辑填充
18		COPY	CO,CP	复制实体	56		PEDIT	PE	编辑多义线
19		MIRROR	MI	镜像实体	57		SPLINEDIT	SPE	编辑曲线
20		OFFSET	O	偏移实体	58		MLEDIT	MLE	编辑双线
21		ARRAY	A	图形阵列	59		ATTEDIT	APE	编辑参照
22		MOVE	M	移动实体	60		DDEDIT	ED	编辑文字
23		ROTATE	RO	旋转实体	61		LAYER	LA	图层管理
24		SCALE	SC	比例缩放	62		MATCHPROP	MA	属性复制
25		STRETCH	S	拉抻实体	63		PROPERTIES	CH,MO	属性编辑
26		LENGTHEN	LEN	拉长线段	64		NEW	^+N	新建文件
27		TRIM	TR	修剪	65		OPEN	^+O	打开文件
28		EXTEND	EX	延伸实体	66		SAVE	^+S	保存文件
29		BREACK	BR	打断线段	67		UNDO	U	回退一步
30		CHAMFER	CHA	倒直角	68		PAN	P	实时平移
31		FILLET	F	倒圆	69		Z00M+[ ]	Z+[ ]	实时缩放
32		EXPLODE	EX,XP	分解炸开	70		ZOOM+W	Z+W	窗口缩放
33		LIMITS		图形界限	71		ZOOM+P	Z+P	恢复视窗
34		帮助主题	[F1]	[F8] 正交	72		DIST	DI	计算距离
35		对象捕捉	[F3]	[F10] 极轴	73		PRINT/PLOT	^+P	打印预览
36		WBLOCK	W	创建外部图块	74		PREVIEW	PRE	定距等分
37		COPYCLIP	^+C	跨文件复制	75		MEASURE	ME	定数等分
38		PASTECLIP	^+V	跨文件粘帖	76		DIVIDE	DIV	图形界限

评价反馈见表5-4。

表 5-4　评价反馈

每位同学作品的点评和分析（30 分钟）。

考核项目	考核要求	分值	个人评价	组内评价	教师评价
职业素养	(1) 遵守实训室管理规定，不在教室吃东西	5			
	(2) 着装整齐，不穿拖鞋，不迟到，不早退	5			
	(3) 遵守学习纪律，不做与课堂无关的事情	5			
	(4) 桌面整洁，准备充分，"8S"自我管理良好	5			
	(5) 有团队协作的态度和能力	5			
	(6) 文明礼貌，尊敬老师、同学	5			
工作认知	能正确理解工作任务、工作流程和方法	5			
工作要求	(1) 掌握结构装配图知识，绘制正确的装配图	10			
	(2) 熟悉 AutoCAD 绘图编辑命令并能正确绘图	15			
	(3) 熟悉 AutoCAD 尺寸标注方法，标注正确	15			
	(4) 图纸符合家具制图规范，图形标注美观合适	10			
	(5) 有较强的结构分析能力和图形分析能力	5			
成果提交及展示	(1) 积极沟通、积极发言，语言表达良好	5			
	(2) 能按时、按量提交正确的成果	5			
总分		100			
小组评语及建议	他 / 她的优点： 他 / 她的不足： 给他 / 她的建议：	组长签名： 日期：			
老师评语与建议		评定等级或分数 ———— 教师签名： 日期：			

学习活动四
板式床三视图机绘

学习目标

（1）能运用三视图的绘图方法绘制床的三视图。

（2）掌握 AutoCAD 软件绘图命令和编辑命令绘制床的图纸的初步能力。

（3）在测量产品和绘图过程中，初步掌握床的体量尺寸及零部件组成。

学习课时：6 课时。

 笔记栏

学习任务描述

深圳某家具公司每年要进行产品的开发，为了更快更好地研发产品，公司从市场上购置了一批床产品进行分析借鉴，为此设计总监安排绘图员用 AutoCAD 软件按照家具实物完成三视图的绘制，用于研究讨论和产品修改。

学习准备

实训用具：计算机、绘图工具。

学习过程

一、图形的绘制

任务规则：

（1）以小组为单位进行绘制，但需确保组员都能独立完成任务；

（2）根据教师下发的图形，独立思考，组内讨论，确定绘图方法；

（3）用 AutoCAD 软件完成下发的任务，并以个人形式提交成果（组名－姓名－日期）；

（4）每小组选派一名代表上台进行绘图演示；

（5）控制时间 200 分钟。

二、成果点评、教师汇总讲解

（1）教师先对小组进行点评，评出优秀小组；

（2）教师对每位同学作品进行点评，指出优缺点；

（3）对图层设置和绘图比例进行汇总讲解；

（4）进行评价打分；

（5）控制时间 40 分钟。

床实物及三视图如图 5-14、图 5-15 所示。

图 5-14　床

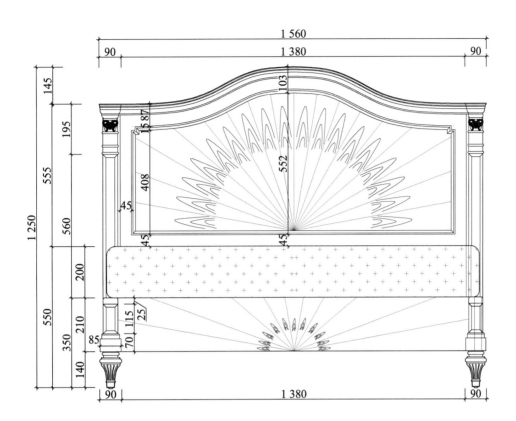

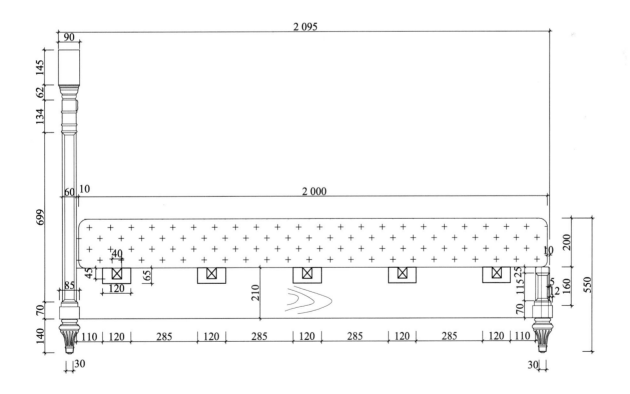

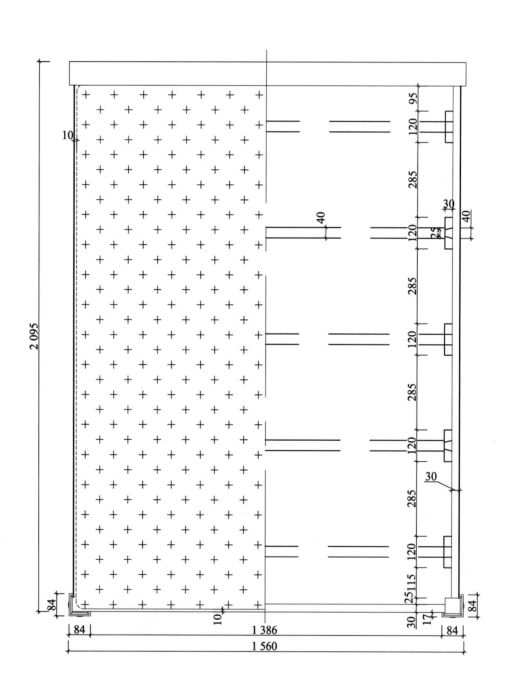

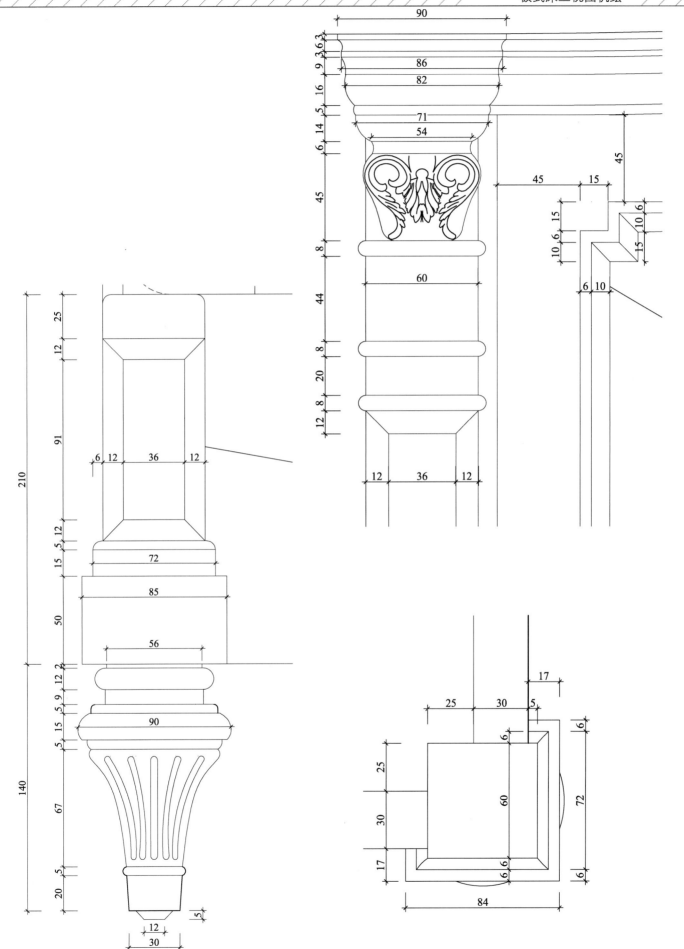

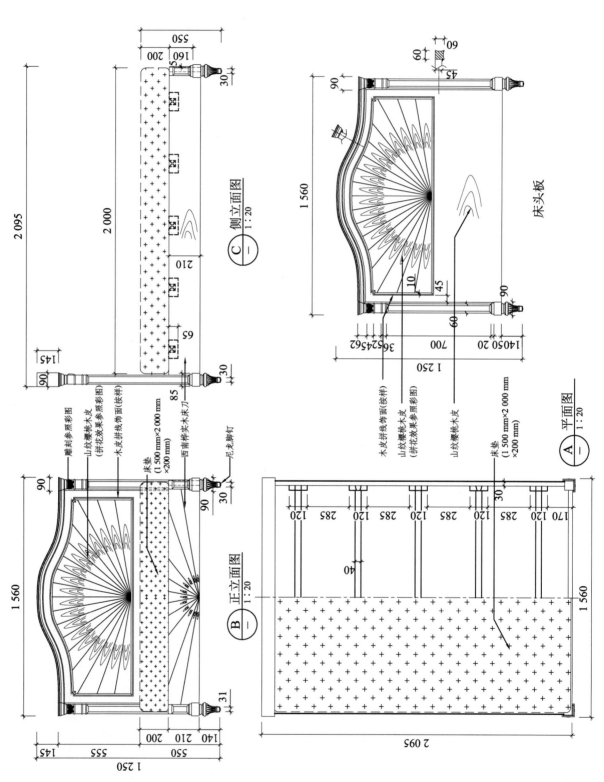

图 5-15 床三视图

评价反馈见表 5-5。

表 5-5　评价反馈

每位同学作品的点评和分析（30 分钟）。

考核项目	考核要求	分值	个人评价	组内评价	教师评价
职业素养	（1）遵守实训室管理规定，不在教室吃东西	5			
	（2）着装整齐，不穿拖鞋，不迟到，不早退	5			
	（3）遵守学习纪律，不做与课堂无关的事情	5			
	（4）桌面整洁，准备充分，"8S"自我管理良好	5			
	（5）有团队协作的态度和能力	5			
	（6）文明礼貌，尊敬老师、同学	5			
工作认知	能正确理解工作任务、工作流程和方法	5			
工作要求	（1）掌握结构装配图知识，绘制正确的装配图	10			
	（2）熟悉 AutoCAD 绘图编辑命令并能正确绘图	15			
	（3）熟悉 AutoCAD 尺寸标注方法，标注正确	15			
	（4）图纸符合家具制图规范，图形标注美观合适	10			
	（5）有较强的结构分析能力和图形分析能力	5			
成果提交及展示	（1）积极沟通、积极发言，语言表达良好	5			
	（2）能按时、按量提交正确的成果	5			
总分		100			
小组评语及建议	他/她的优点： 他/她的不足： 给他/她的建议：	组长签名： 日期：			
老师评语与建议		评定等级或分数 —————— 教师签名： 日期：			

学习活动五
板式椅子三视图机绘

学习目标

（1）能运用三视图的绘图方法绘制椅子三视图。

（2）掌握 AutoCAD 软件绘图命令和编辑命令绘制椅子图纸的初步能力。

（3）在测量产品和绘图过程中，初步掌握椅子的体量尺寸及零部件组成。

学习课时：6 课时。

学习任务描述

深圳某家具公司每年要进行产品的开发，为了更快更好地研发产品，公司从市场上购置了一批椅子产品进行分析借鉴，为此设计总监安排绘图员用 AutoCAD 软件按照家具实物完成三视图的绘制，用于研究讨论和产品修改。

学习准备

实训用具：计算机、绘图工具。

学习过程

一、图形的绘制

任务规则：

（1）以小组为单位进行绘制，但需确保组员都能独立完成任务；

（2）根据教师下发的图形，独立思考，组内讨论，确定绘图方法；

（3）用 AutoCAD 软件完成下发的任务，并以个人形式提交成果（组名－姓名－日期）；

（4）每小组选派一名代表上台进行绘图演示；

（5）控制时间 200 分钟。

二、成果点评、教师汇总讲解

（1）教师先对小组进行点评，评出优秀小组；

（2）教师对每位同学作品进行点评，指出优缺点；

（3）对图层设置和绘图比例进行汇总讲解；

（4）进行评价打分；

（5）控制时间 40 分钟。

椅子实物及三视图如图 5-16、图 5-17 所示。

图 5-16　椅子

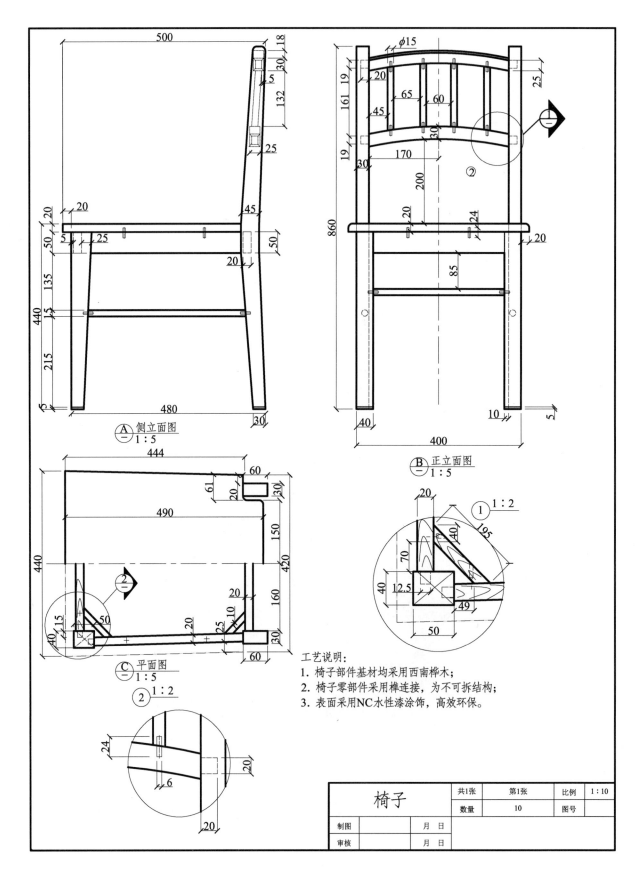

工艺说明:
1. 椅子部件基材均采用西南桦木;
2. 椅子零部件采用榫连接, 为不可拆结构;
3. 表面采用NC水性漆涂饰, 高效环保。

椅子	共1张	第1张	比例	1:10
	数量	10	图号	
制图		月 日		
审核		月 日		

图 5-17 椅子三视图

评价反馈见表5-6。

表 5-6　评价反馈

每位同学作品的点评和分析（30分钟）。

考核项目	考核要求	分值	个人评价	组内评价	教师评价
职业素养	（1）遵守实训室管理规定，不在教室吃东西	5			
	（2）着装整齐，不穿拖鞋，不迟到，不早退	5			
	（3）遵守学习纪律，不做与课堂无关的事情	5			
	（4）桌面整洁，准备充分，"8S"自我管理良好	5			
	（5）有团队协作的态度和能力	5			
	（6）文明礼貌，尊敬老师、同学	5			
工作认知	能正确理解工作任务、工作流程和方法	5			
工作要求	（1）掌握结构装配图知识，绘制正确的装配图	10			
	（2）熟悉 AutoCAD 绘图编辑命令并能正确绘图	15			
	（3）熟悉 AutoCAD 尺寸标注方法，标注正确	15			
	（4）图纸符合家具制图规范，图形标注美观合适	10			
	（5）有较强的结构分析能力和图形分析能力	5			
成果提交及展示	（1）积极沟通、积极发言，语言表达良好	5			
	（2）能按时、按量提交正确的成果	5			
总分		100			
小组评语及建议	他/她的优点： 他/她的不足： 给他/她的建议：	组长签名： 日期：			
老师评语与建议		评定等级或分数 ———— 教师签名： 日期：			

学习活动六
板式家具机绘考核与评价

学习目标

（1）检测学生柜类家具测绘的方法和步骤。

（2）通过绘图，检测学生运用 AutoCAD 软件独立绘图的能力。

（3）通过绘图，检测学生绘制结构装配图的能力。

学习课时：6 课时。

工作任务单见表 5-7。

学习任务描述

深圳某家具公司每年要进行产品的开发，从市场上购置一个畅销的斗柜后，需要进行装配图纸的绘制，以便进行下一步的工艺结构研发。设计总监要求绘图员根据家具样品用 AutoCAD 软件绘制结构装配图。

表 5-7　工作任务单

任务名称	斗柜结构装配图绘制	接到任务时间	
完成人		要求完成时间	200 min
任务描述	为了进行下一步工艺结构研发，设计总监要求绘图员根据家具样品手绘家具的结构装配图		
该产品抽屉有何特点			
你认为绘制该图纸，最困难的是什么			
填报人：		日　期：	

备餐柜三视图及实物图如图5-18所示。

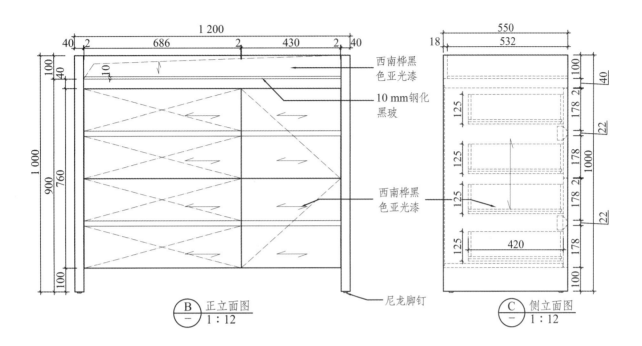

图 5-18　备餐柜

评价考核见表5-8。

表 5-8　评价考核

每位同学作品的点评和分析（20分钟）。

考核项目	考核要求	分值	个人评价	组内评价	教师评价
职业素养	（1）遵守实训室管理规定，不在教室吃东西	5			
	（2）着装整齐，不穿拖鞋，不迟到，不早退	5			
	（3）遵守学习纪律，不做与课堂无关的事情	5			
	（4）桌面整洁，准备充分，"8S"自我管理良好	5			
	（5）文明礼貌，尊敬老师、同学	5			
工作认知	能正确理解工作任务、工作流程与方法	5			
工作要求	（1）能正确利用三等规律绘制三视图	10			
	（2）掌握剖视方法正确表达家具的装配结构	20			
	（3）图线使用、标注、图框标题栏符合制图规范	10			
	（4）家具结构表达合适，放大图选择合理	10			
	（5）图形绘制完整、布局合理，工艺说明齐备	5			
	（6）有较强的连接结构分析能力	10			
成果提交及展示	能按时、按量提交正确的成果	5			
总分		100			
老师评语与建议		评定等级或分数 ———— 教师签名： 日期：			

任务六　实木家具图纸绘制

PART

家具工程图绘制

MAKING THE ENGINEERING
DRAWINGS FOR FURNITURE

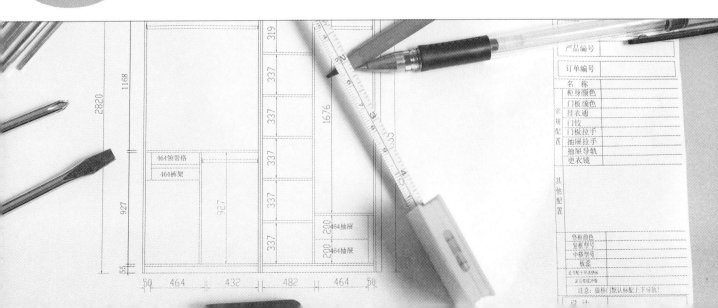

学习目标

（1）熟知 AutoCAD 绘图软件，并掌握 AutoCAD 绘图编辑命令的使用方法。

（2）掌握家具制图的国家标准和规范。

（3）能分析和绘制实木家具三视图。

（4）能运用 AutoCAD 软件绘制规范的家具结构装配图。

（5）熟悉实木家具的常见结构及连接方法。

建议课时

54 课时。

深圳某实木家具公司以前的老产品图纸由于年代久远，没有电子版文件，只有纸质版图纸。现研发部开发产品需要对老产品图纸以电子文件进行存档归类，以便以后的修改和升级。设计总监安排绘图员用 AutoCAD 软件完成该项任务。

学习活动一
实木方凳三视图机绘

学习目标

（1）能运用三视图的绘图方法绘制实木方凳三视图。

（2）掌握 AutoCAD 软件绘图命令和编辑命令绘制方凳图纸的初步能力。

（3）在测量产品和绘图过程中，初步掌握方凳的体量尺寸及零部件组成。

学习课时：12 课时。

笔记栏

学习任务描述

深圳某家具公司每年要进行产品的开发，为了更快更好地研发产品，公司从市场上购置了一批实木方凳产品进行分析借鉴，为此设计总监安排绘图员用 AutoCAD 软件按照家具实物完成三视图的绘制，用于研究讨论和产品修改。

学习准备

实训用具：家具实物、测量工具、A4 纸、计算机、绘图工具。

学习过程

一、方凳拆装及结构记录

任务规则：以小组为单位进行测绘、记录（见图 6-1），测量时注意用卷尺和游标卡尺配合进行，详细记录产品的各零部件用材、尺寸、连接紧固方式、材料表面装饰工艺等信息，为下一步绘图做准备，控制时间 40 分钟。

图 6-1　方凳

二、图形的绘制

任务规则：

（1）以小组为单位进行绘制，但需确保组员都能独立完成任务；

（2）根据教师下发的图形，独立思考，组内讨论，确定绘图方法；

（3）用 AutoCAD 软件完成下发的任务，并以个人形式提交成果（组名 –
姓名 – 日期）；

（4）每小组选派一名代表上台进行绘图演示；

（5）控制时间 120 分钟。

三、装配图图纸尺寸标注

任务规则：

（1）以小组为单位进行，组员独立绘图；

（2）根据教师下发的 AutoCAD 尺寸标注学习材料，学习标注方法；

（3）对家具结构装配图进行尺寸标注，需为标注建立独立的图层；

（4）检查编辑标注样式，以符合制图标准、大小适合、布局美观为佳；

（5）控制时间 40 分钟。

方凳三视图如图6-2所示。

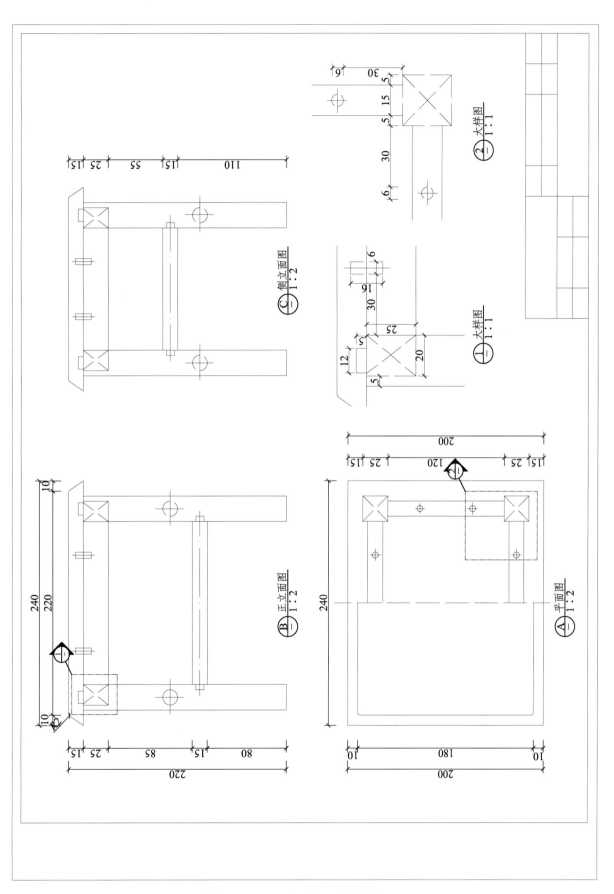

图 6-2　方凳三视图

四、成果点评、教师汇总讲解

（1）教师先对小组进行点评，评出优秀小组；

（2）教师对每位同学作品进行点评，指出优缺点；

（3）对图层设置和绘图比例进行汇总讲解；

（4）进行评价打分；

（5）控制时间40分钟。

评价反馈见表6-1。

表6-1　评价反馈

每位同学作品的点评和分析（30分钟）。

考核项目	考核要求	分值	个人评价	组内评价	教师评价
职业素养	（1）遵守实训室管理规定，不在教室吃东西	5			
	（2）着装整齐，不穿拖鞋，不迟到，不早退	5			
	（3）遵守学习纪律，不做与课堂无关的事情	5			
	（4）桌面整洁，准备充分，"8S"自我管理良好	5			
	（5）有团队协作的态度和能力	5			
	（6）文明礼貌，尊敬老师、同学	5			
工作认知	能正确理解工作任务、工作流程和方法	5			
工作要求	（1）掌握结构装配图知识，绘制正确的装配图	10			
	（2）熟悉AutoCAD绘图编辑命令并能正确绘图	15			
	（3）熟悉AutoCAD尺寸标注方法，标注正确	15			
	（4）图纸符合家具制图规范，图形标注美观合适	10			
	（5）有较强的结构分析能力和图形分析能力	5			
成果提交及展示	（1）积极沟通、积极发言，语言表达良好	5			
	（2）能按时、按量提交正确的成果	5			
总分		100			
小组评语及建议	他／她的优点： 他／她的不足： 给他／她的建议：	组长签名： 日期：			
老师评语与建议		评定等级或分数 ———— 教师签名： 日期：			

学习活动二
实木桌子三视图机绘

📊 学习目标

（1）能运用三视图的绘图方法绘制实木桌子三视图。

（2）掌握 AutoCAD 软件绘图命令和编辑命令绘制实木桌子图纸的初步能力。

（3）在测量产品和绘图过程中，初步掌握实木桌子的体量尺寸及零部件组成。

学习课时：10 课时。

💬 学习任务描述

深圳某家具公司每年要进行产品的开发，为了更快更好地研发产品，公司从市场上购置了一批桌子产品进行分析借鉴，为此设计总监安排绘图员用 AutoCAD 软件按照家具实物完成三视图的绘制，用于研究讨论和产品修改。

📑 学习准备

实训用具：家具实物、测量工具、A4 纸、计算机、绘图工具。

📋 学习过程

一、图形的绘制

任务规则：

（1）以小组为单位进行绘制，但需确保组员都能独立完成任务；

（2）根据教师下发的图形，独立思考，组内讨论，确定绘图方法；

（3）用 AutoCAD 软件完成下发的任务，并以个人形式提交成果（组名－姓名－日期）；

（4）每小组选派一名代表上台进行绘图演示；

（5）控制时间 200 分钟。

二、成果点评、教师汇总讲解

（1）教师先对小组进行点评，评出优秀小组；

（2）教师对每位同学作品进行点评，指出优缺点；

（3）对图层设置和绘图比例进行汇总讲解；

（4）进行评价打分；

（5）控制时间40分钟。

桌子实物及三视图如图6-3、图6-4所示。

图 6-3　桌子实物

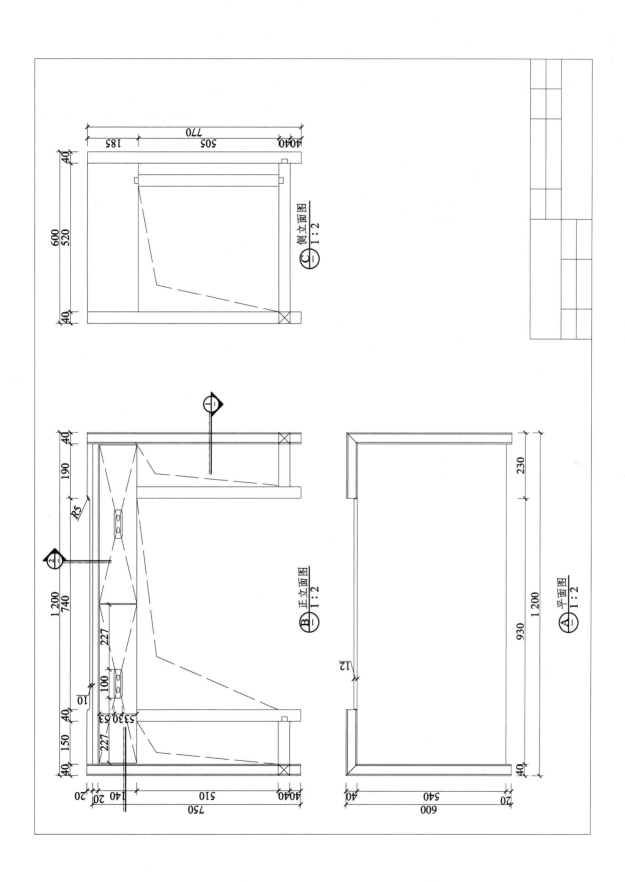

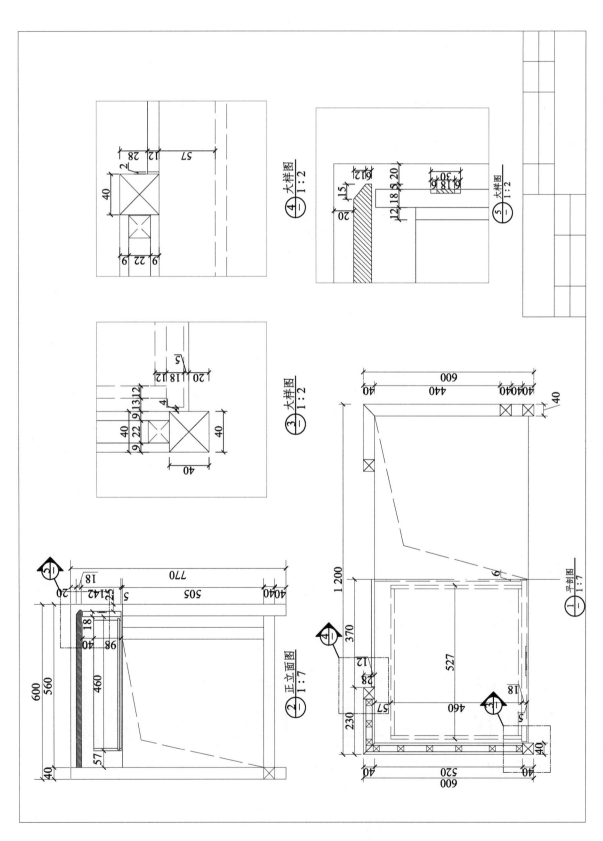

图 6-4　桌子三视图

评价反馈见表6-2。

表 6-2　评价反馈

每位同学作品的点评和分析（30分钟 ）。

考核项目	考核要求	分值	个人评价	组内评价	教师评价
职业素养	（1）遵守实训室管理规定，不在教室吃东西	5			
	（2）着装整齐，不穿拖鞋，不迟到，不早退	5			
	（3）遵守学习纪律，不做与课堂无关的事情	5			
	（4）桌面整洁，准备充分，"8S"自我管理良好	5			
	（5）有团队协作的态度和能力	5			
	（6）文明礼貌，尊敬老师、同学	5			
工作认知	能正确理解工作任务、工作流程和方法	5			
工作要求	（1）掌握结构装配图知识，绘制正确的装配图	10			
	（2）熟悉AutoCAD绘图编辑命令并能正确绘图	15			
	（3）熟悉AutoCAD尺寸标注方法，标注正确	15			
	（4）图纸符合家具制图规范，图形标注美观合适	10			
	（5）有较强的结构分析能力和图形分析能力	5			
成果提交及展示	（1）积极沟通、积极发言，语言表达良好	5			
	（2）能按时、按量提交正确的成果	5			
总分		100			
小组评语及建议	他/她的优点： 他/她的不足： 给他/她的建议：	组长签名： 日期：			
老师评语与建议		评定等级或分数 —— 教师签名： 日期：			

学习活动三
实木床三视图机绘

学习目标

（1）能运用三视图的绘图方法绘制实木床三视图。

（2）掌握 AutoCAD 软件绘图命令和编辑命令绘制实木床
图纸的初步能力。

（3）在测量产品和绘图过程中，初步掌握床的体量尺寸
及零部件组成。

学习课时：10 课时。

学习任务描述

深圳某家具公司每年要进行产品的开发，为了更快更
好地研发产品，公司从市场上购置了一批床产品进行分析
借鉴，为此设计总监安排绘图员用 AutoCAD 软件按照家
具实物完成三视图的绘制，用于研究讨论和产品修改。

学习准备

实训用具：家具实物、测量工具、A4 纸、计算机、绘图工具。

学习过程

一、图形的绘制

任务规则：

（1）以小组为单位进行绘制，但需确保组员都能独立完成任务；

（2）根据教师下发的图形，独立思考，组内讨论，确定绘图方法；

（3）用 AutoCAD 软件完成下发的任务，并以个人形式提交成果（组
名 – 姓名 – 日期）；

（4）每小组选派一名代表上台进行绘图演示；

（5）控制时间 200 分钟。

二、成果点评、教师汇总讲解

（1）教师先对小组进行点评，评出优秀小组；

（2）教师对每位同学作品进行点评，指出优缺点；

（3）对图层设置和绘图比例进行汇总讲解；

（4）进行评价打分；

（5）控制时间 40 分钟。

床实物及三视图如图 6-5、图 6-6 所示。

图 6-5　床

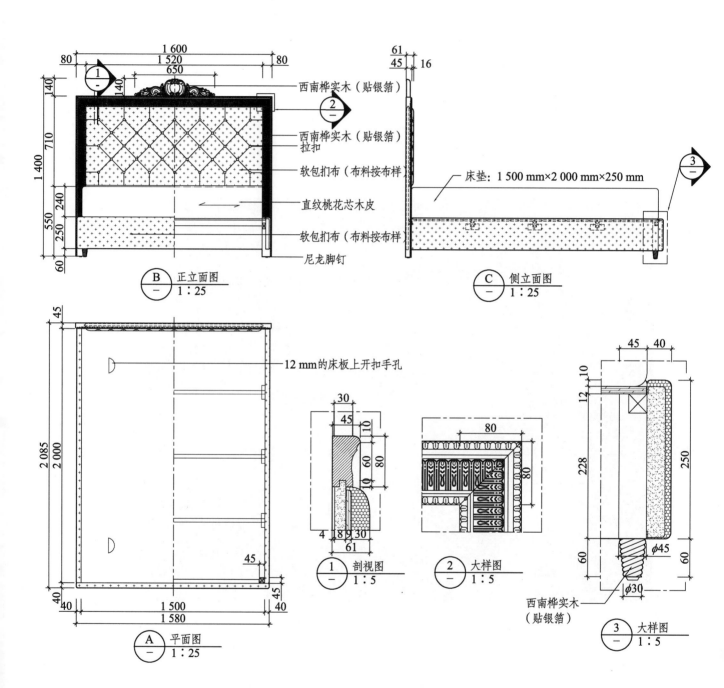

图 6-6　床三视图

评价反馈见表6-3。

表 6-3 评价反馈

每位同学作品的点评和分析（30分钟）。

考核项目	考核要求	分值	个人评价	组内评价	教师评价
职业素养	（1）遵守实训室管理规定，不在教室吃东西	5			
	（2）着装整齐，不穿拖鞋，不迟到，不早退	5			
	（3）遵守学习纪律，不做与课堂无关的事情	5			
	（4）桌面整洁，准备充分，"8S"自我管理良好	5			
	（5）有团队协作的态度和能力	5			
	（6）文明礼貌，尊敬老师、同学	5			
工作认知	能正确理解工作任务、工作流程和方法	5			
工作要求	（1）掌握结构装配图知识，绘制正确的装配图	10			
	（2）熟悉 AutoCAD 绘图编辑命令并能正确绘图	15			
	（3）熟悉 AutoCAD 尺寸标注方法，标注正确	15			
	（4）图纸符合家具制图规范，图形标注美观合适	10			
	（5）有较强的结构分析能力和图形分析能力	5			
成果提交及展示	（1）积极沟通、积极发言，语言表达良好	5			
	（2）能按时、按量提交正确的成果	5			
总分		100			
小组评语及建议	他/她的优点： 他/她的不足： 给他/她的建议：	组长签名： 日期：			
老师评语与建议		评定等级或分数 ————— 教师签名： 日期：			

学习活动四
实木椅子三视图机绘

 笔记栏

学习目标

（1）能运用三视图的绘图方法绘制实木椅子三视图。

（2）掌握 AutoCAD 软件绘图命令和编辑命令绘制实木椅子图纸的初步能力。

（3）在测量产品和绘图过程中，初步掌握实木椅子的体量尺寸及零部件组成。

学习课时：10 课时。

学习任务描述

深圳某家具公司每年要进行产品的开发，为了更快更好地研发产品，公司从市场上购置了一批椅子产品进行分析借鉴，为此设计总监安排绘图员用 AutoCAD 软件按照家具实物完成三视图的绘制，用于研究讨论和产品修改。

学习准备

实训用具：家具实物、测量工具、A4 纸、计算机、绘图工具。

学习过程

一、图形的绘制

任务规则：

（1）以小组为单位进行绘制，但需确保组员都能独立完成任务；

（2）根据教师下发的图形，独立思考，组内讨论，确定绘图方法；

（3）用 AutoCAD 软件完成下发的任务，并以个人形式提交成果（组名 – 姓名 – 日期）；

（4）每小组选派一名代表上台进行绘图演示；

（5）控制时间 200 分钟。

二、成果点评、教师汇总讲解

（1）教师先对小组进行点评，评出优秀小组；

（2）教师对每位同学作品进行点评，指出优缺点；

（3）对图层设置和绘图比例进行汇总讲解；

（4）进行评价打分；

（5）控制时间 40 分钟。

椅子实物及三视图如图 6−7 和图 6−8 所示。

图 6−7　椅子

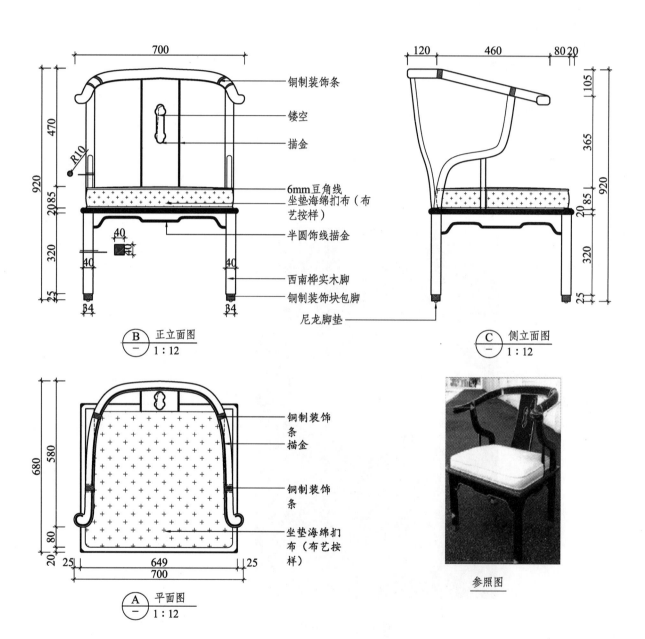

铜制装饰条

镂空

描金

6mm豆角线
坐垫海绵扣布（布
艺按样）

半圆饰线描金

西南桦实木脚
铜制装饰块包脚

尼龙脚垫

Ⓑ — 正立面图
1：12

Ⓒ — 侧立面图
1：12

铜制装饰
条
描金

铜制装饰
条

坐垫海绵扣
布（布艺按
样）

参照图

Ⓐ — 平面图
1：12

图6-8　椅子三视图

评价反馈见表6-4。

表6-4　评价反馈

每位同学作品的点评和分析（30分钟）。

考核项目	考核要求	分值	个人评价	组内评价	教师评价
职业素养	（1）遵守实训室管理规定，不在教室吃东西	5			
	（2）着装整齐，不穿拖鞋，不迟到，不早退	5			
	（3）遵守学习纪律，不做与课堂无关的事情	5			
	（4）桌面整洁，准备充分，"8S"自我管理良好	5			
	（5）有团队协作的态度和能力	5			
	（6）文明礼貌，尊敬老师、同学	5			
工作认知	能正确理解工作任务、工作流程和方法	5			
工作要求	（1）掌握结构装配图知识，绘制正确的装配图	10			
	（2）熟悉AutoCAD绘图编辑命令并能正确绘图	15			
	（3）熟悉AutoCAD尺寸标注方法，标注正确	15			
	（4）图纸符合家具制图规范，图形标注美观合适	10			
	（5）有较强的结构分析能力和图形分析能力	5			
成果提交及展示	（1）积极沟通、积极发言，语言表达良好	5			
	（2）能按时、按量提交正确的成果	5			
总分		100			
小组评语及建议	他/她的优点： 他/她的不足： 给他/她的建议：	组长签名： 日期：			
老师评语与建议		评定等级或分数 ———— 教师签名： 日期：			

学习活动五

实木家具机绘考核与评价

学习目标

（1）检测学生实木家具测绘的方法和步骤。

（2）通过绘图，检测学生运用 AutoCAD 软件独立绘图的能力。

（3）通过绘图，检测学生绘制结构装配图的能力。

学习课时：12 课时。

工作任务单见表 6-5。

学习任务描述

深圳某家具公司每年要进行产品的开发，从市场上购置一个畅销的实木家具后，需要进行装配图纸的绘制，以便进行下一步的工艺结构研发。设计总监要求绘图员根据家具样品用 AutoCAD 软件绘制结构装配图。

表 6-5　工作任务单

任务名称	实木家具结构装配图绘制	接到任务时间	
完成人		要求完成时间	200 min
任务描述	为了进行下一步工艺结构研发，设计总监要求绘图员根据家具样品机绘家具的结构装配图		
该产品抽屉有何特点			
你认为绘制该图纸，最困难的是什么			
填报人：		日　期：	

椅子三视图及实物如图6-9所示。

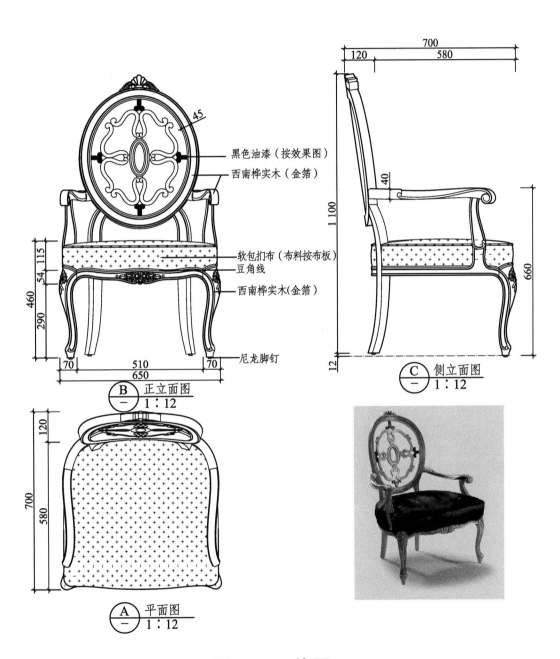

黑色油漆（按效果图）

西南桦实木（金箔）

软包扣布（布料按布板）

豆角线

西南桦实木（金箔）

尼龙脚钉

图 6-9　椅子

评价考核见表6-5。

表6-6　评价考核

每位同学作品的点评和分析（20分钟）。

考核项目	考核要求	分值	个人评价	组内评价	教师评价
职业素养	(1) 遵守实训室管理规定，不在教室吃东西	5			
	(2) 着装整齐，不穿拖鞋，不迟到，不早退	5			
	(3) 遵守学习纪律，不做与课堂无关的事情	5			
	(4) 桌面整洁，准备充分，"8S"自我管理良好	5			
	(5) 文明礼貌，尊敬老师、同学	5			
工作认知	能正确理解工作任务、工作流程与方法	5			
工作要求	(1) 能正确利用三等规律绘制三视图	10			
	(2) 掌握剖视方法正确表达家具装配结构	20			
	(3) 图线使用、标注、图框标题栏符合制图规范	10			
	(4) 家具结构表达合适，放大图选择合理	10			
	(5) 图形绘制完整、布局合理，工艺说明齐备	5			
	(6) 有较强的连接结构分析能力	10			
成果提交及展示	能按时、按量提交正确的成果	5			
总分		100			
老师评语与建议		评定等级或分数——　教师签名：　日期：			

参考文献

[1]　江功南 . 家具制图 [M]. 哈尔滨：哈尔滨工程大学出版社，2013.

[2]　彭亮，胡景初 . 家具设计与工艺 [M]. 北京：高等教育出版社，2003.

[3]　周雅南，周佳秋 . 家具制图 [M]. 2 版 . 北京：中国轻工业出版社，2016.

[4]　李克忠 . 家具与室内设计制图 [M]. 北京：中国轻工业出版社，2013.